工业机器人专业系列教材

# 埃夫特工业机器人
# 操作与编程

## （第二版）

主　编　安宗权　许德章　李公文

副主编　古宏程　朱　孟　西红桥

参　编　王　陈　许　刚　程丙南

　　　　刘心瑜　任　浩　曹贤宏

　　　　奚聪强　孙　琦　王波波

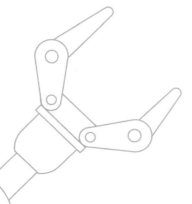

西安电子科技大学出版社

## 内 容 简 介

　　本书以工业机器人操作与程序设计为重点，以培养具备机器人行业职业素养和工程素养的学习者为目标，在借鉴国内外机器人最新理论研究成果和培养应用型人才先进理念的基础上，按照工作过程系统化的思想编写。全书主要包括学前自我评价、工业机器人操作与编程安全规范、工业机器人操作与编程及学后自我评估 4 个部分。其中，工业机器人操作与编程部分按照项目式方案编写，以循序渐进的方式用 14 个项目介绍了工业机器人操作与编程的方法及实例。

　　本书适合初次从事工业机器人操作的人员，职业院校（中职、高职）、技工学校、技师院校工业机器人相关专业的学生以及参加工业机器人系统操作员职业技能等级考试的学习者阅读参考。

**图书在版编目 (CIP) 数据**

埃夫特工业机器人操作与编程 / 安宗权，许德章，李公文主编.
-- 2 版 . -- 西安：西安电子科技大学出版社，2025. 1. -- ISBN 978-7-
5606-7524-4

　Ⅰ. TP242.2

中国国家版本馆 CIP 数据核字第 202533YN59 号

策　　划　高　樱
责任编辑　高　樱
出版发行　西安电子科技大学出版社 ( 西安市太白南路 2 号 )
电　　话　(029) 88202421　88201467　邮　　编　710071
网　　址　www.xduph.com　　　　电子邮箱　xdupfxb001@163.com
经　　销　新华书店
印刷单位　咸阳华盛印务有限责任公司
版　　次　2025 年 1 月第 1 版　2025 年 1 月第 1 次印刷
开　　本　787 毫米 × 1092 毫米　1/16　印 张 14.5
字　　数　259 千字
定　　价　49.00 元
ISBN 978-7-5606-7524-4
XDUP 7825002-1
\*\*\* 如有印装问题可调换 \*\*\*

# ◎ 前　言 ◎

本书是在第一版的基础上修订而成的，此次修订主要是对机器人操作系统进行了迭代升级，并根据新技术的发展，新增了模拟装配训练、视觉识别训练、PLC 与机器人通信、HMI 界面编程与机器视觉程序编写实训项目。

工业机器人是先进制造业的关键支撑装备，其研发及产业化应用是衡量一个国家科技创新能力、高端制造发展水平的重要标志。据国际机器人联合会 (IFR) 发布的《2023 世界机器人报告》统计，2023 年全球工厂安装的工业机器人数量为 553 052 台，同比增长 5%；中国工业机器人装机量占全球比重超过 50%。为满足我国工业机器人产业对机器人操作与编程人才的迫切需求，安徽工程大学机器人产业技术研究院组织编写了本书。

本书以工业机器人操作为重点，以机器人行业的职业素养和工程素养为核心，借鉴了国内外应用型人才培养的先进理念，按照工作过程系统化的思想进行课程开发。全书主要包括学前自我评价、工业机器人操作与编程安全规范、工业机器人操作与编程及学后自我评估 4 个部分。其中，工业机器人操作与编程部分按照项目式方案编写，包括认识操作界面、操作及手动移动机器人、程序管理与执行等 14 个项目。这些项目依据工业机器人操作能力培养的规律，按照从简单到复杂，从单一到综合的顺序编排。每个项目基本包括教学目标、学习内容与时间安排、安全警示、知识准备与实训工具和器材、实训步骤、自我评价和评分表等几部分，以方便教师教学和学习者自学。

本书就正确使用与操作工业机器人进行了详细讲解，力求让读者全面掌握工业机器人的操作。本书内容简明扼要，图文并茂，通俗易懂，适合初次从事工业机器人操作的人员及高职层次工业机器人相关专业的学习者阅读参考。

本书由芜湖职业技术学院、安徽工程大学、芜湖安普机器人产业技术研究院有限公司、芜湖科技工程学校等单位合作编写，安宗权、许德章、李公文统稿，古宏程、朱孟、西红桥在本书的体系架构等方面提供了宝贵的建议，王陈、许刚、程丙南、刘心瑜、任浩、曹贤宏、奚聪强、孙琦、王波波等参与了相关章节及相关例程的编写，并为本书的编写提供了大量素材。此外，埃夫特智能装备股份有限公司在机器人编程、视频资源拍摄方面提供了诸多帮助，在此向以上人员和单位一并表示衷心的感谢！

由于编者水平有限，书中难免有不当和疏漏之处，恳请广大读者提出宝贵的意见和建议。

编　者

2024 年 9 月

目　录

# 第一部分

学前自我评价

1. 目前，你对"工业机器人操作与编程"课程有什么了解？

_____

_____

_____

_____

_____

_____

_____

2. 你希望通过课程学习达到什么目标？

_____

_____

_____

_____

_____

_____

_____

3. 为达成目标，你准备采取的学习态度和方法以及学习计划是什么？

_____

_____

_____

_____

_____

_____

_____

# 第二部分

工业机器人操作与编程安全规范

机器人所有者、操作者必须对自己及相关人员的安全负责。因此，操作机器人时必须严格遵守工业机器人操作与编程安全规范。

## 一、安全使用须知

在对机器人实施装调、运转、维修保养、检修作业前，必须充分掌握设备知识、安全信息以及全部注意事项。机器人通常用如图 2-1 所示的记号来表示安全的重要性。

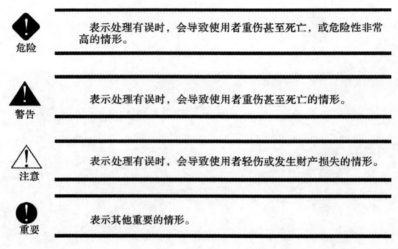

图 2-1

### 1. 机器人操作与调试安全事项

操作人员进入机器人工作区，必须关闭伺服电源，按下电柜或示教器急停按钮，悬挂工作警示牌，方可进入。操作调试机器人时需注意如下安全事项：

(1) 作业人员须穿戴工作服、安全帽、安全鞋等。

(2) 接通电源时，应确认机器人的运行轨迹范围内没有人员。

(3) 必须在切断电源之后，作业人员方可进入机器人的运行轨迹范围内进行作业。

(4) 如果必须在通电状态下进行检查、维修、保养等作业，应 2 人一组进行作业，如图 2-2 所示。其中 1 人保持可立即按下紧急停止按钮姿势，另外 1 人则在机器人的运行轨迹范围内保持警惕并迅速进行作业。此外，应在确认好撤退路径后再进行作业。

(5) 机器人的手腕部位及机械臂上的负荷必须控制在允许搬运载荷之内。如果不遵守允许搬运载荷的规定,则会导致异常动作发生或机械构件提前损坏。

图 2-2

(6) 禁止进行维修手册未涉及部位的拆卸和作业。

机器人配有各种自我诊断功能及异常检测功能,一旦发生异常也能安全停止。即便如此,因机器人造成的事故仍然有可能发生,因此要注意如图 2-3 所示的警示信息。

---

**危险**

机器人事故以下列情况居多:

　1. 未确认机器人的动作范围内是否有人,就执行了自动运转。

　2. 作业期间机器人突然启动。

　3. 只注意到眼前的机器人,未注意其他机器人。

---

图 2-3

## 2. 机器人操作突发情况

很多事故都是由于疏忽了安全操作步骤、没有想到机器人会突然动作等因素而造成的。换句话说,都是由于一时疏忽、没有遵守规定的步骤等人为的不安全行为而引发的事故。突发情况使作业人员来不及实施紧急停止、逃离等行为,极有可能导致重大事故。

突发情况一般有以下几种:

(1) 低速动作突然变成高速动作。

(2) 其他作业人员执行了操作。

(3) 因周边设备发生异常和程序错误,启动了不同的程序。

(4) 因噪声、故障、缺陷等因素导致异常动作。

(5) 误操作。

(6) 原本以低速再现执行动作,却执行了高速动作。

(7) 机器人搬运的工件掉落、散开。

(8) 工件处于夹持、联锁的停止状态时，突然失去控制。

(9) 相邻的机器人执行了动作。

### 3. 安全对策

上述所列仅为部分突发情况，还有很多形式的突发情况。大多数情况下，不可能停止或逃离突然动作的机器人，而应该执行下列对策，避免此类事故发生：

(1) 勿靠近机器人。

(2) 不使用机器人时，应采取按下"紧急停止"按钮、切断电源等措施，使机器人无法动作。

(3) 机器人动作期间，应配置可立即按下"紧急停止"按钮的监视人（第三人），监视安全状况。

(4) 机器人动作期间，应以可立即按下"紧急停止"按钮的姿势进行作业。

### 4. 不可使用机器人的场合

以下场合不可使用机器人：

(1) 燃烧的环境。

(2) 有爆炸可能的环境。

(3) 无线电干扰的环境。

(4) 水中或其他液体中。

(5) 其他场合。

## 二、安全操作规程

### 1. 示教和手动机器人

(1) 机器人的操作者必须按照规定进行严格的操作培训，并对机器人使用安全及机器人的功能有彻底的认识。

(2) 操作机器人或进入机器人运行轨迹范围内时，必须穿戴好工作服、安全帽及安全鞋。

(3) 勿戴手套操作示教器，防止因误操作或操作不及时造成的危险事故。

(4) 经常注意机器人的动作，不要背对机器人，以免由于未及时发现机器人的动作而发生事故。

(5) 点动操作机器人时应采用较低的速率，以增加对机器人控制的机会。

(6) 在按下示教器上的"点动"键之前须考虑机器人的运动趋势。

(7) 要预先考虑好避让机器人运动轨迹的路径，并确认该线路不受干涉。

(8) 发现有异常时，应立即按下"紧急停止"按钮。排除异常之后，即使曾以低速再现方式作确认，也不能让作业人员进入防护栅内。这是因为有可能出现其他突发情况，而导致另一个意外事故的发生。

(9) 机器人周围区域必须清洁，无油、水及杂质等，否则有可能会出现安全事故。

### 2. 生产运行

(1) 在开机运行前，须知道机器人根据所编程序将要执行的全部任务。

(2) 掌握所有控制机器人移动的开关、传感器和控制装置的位置与状态。

(3) 必须清楚机器人控制器和外围控制设备上"紧急停止"按钮的位置，随时保持按下"紧急停止"按钮的姿势。

(4) 永远不要将机器人没有运动和程序已经全部执行完毕画等号，因为这时机器人很有可能是在等待让它继续运动的外部信号。

(5) 机器人处于自动模式时，不允许任何人员进入机器人动作范围内。

(6) 万一发生火灾，应使用二氧化碳灭火器。

(7) 在不需要机器人运行时，应及时关闭伺服电源。

(8) 调试人员进入机器人工作范围内时，须随身携带示教器，以防止其他工作人员误操作。

(9) 在得到停电通知时，要预先关闭机器人的主电源开关及气源。

(10) 突然停电后，要在来电之前预先关闭机器人的主电源开关及气源，并及时取下夹具上的工件。

(11) 维修人员必须保管好机器人密码，严禁非授权人员在手动模式下进入机器人软件系统，随意翻阅或修改程序及参数。

## 三、安全防范确认书

图 2-4 所示为安全防范确认书样例。

　　我已认真阅读了工业机器人操作与编程安全规范，并预习了 xxx 项目。针对该项目的特点，我认为在安全防范上应该注意以下几点：（不少于3条）



　　　　　　　　　　　　　　签名：

图 2-4

## 四、安全承诺书

图 2-5 所示为安全承诺书样例。

### 安全承诺书

我已知晓工业机器人操作与编程安全规范，将遵该规范，并为此承担我的责任。

签名

年 月 日

图 2-5

# 第三部分

工业机器人操作与编程

认识操作界面

# 项目1　认识操作界面

## 一、教学目标

### 1.知识

(1) 了解工业机器人的组成与工作原理；

(2) 了解工业机器人电控柜面板操作知识；

(3) 掌握工业机器人示教器操作知识以及各按键的功能。

### 2.技能

(1) 能使用机器人示教器进行机器人的运行、停止、暂停、解除报警、复位等操作；

(2) 能操作机器人控制柜面板进行开关机、解除报警、紧急停止；

(3) 能启动、停止机器人及配套设备。

### 3.过程与方法

能根据实训指导书要求，采取分组方式熟悉机器人硬件组成和示教器上各按钮的功能；在操作过程中注重安全规范；能总结并展示本节课的收获与体验。

### 4.情感、态度与价值观

(1) 乐观、积极地对待认识操作界面工作；

(2) 严格遵守安全规范并严格按实训指导书的要求进行操作；

(3) 不挑剔团队交给自己的工作任务并承担自己的责任；

(4) 能积极探讨操作过程中的合理性和可能存在的问题。

## 二、学习内容与时间安排

操作界面学习要求如表 3-1-1 所示。

表 3-1-1　操作界面学习要求

| 学习要求 | 时间 / min |
|---|---|
| 掌握电控柜面板各按钮的功能 | 10 |
| 按照实训步骤熟悉示教器各按钮的功能 | 50 |
| 了解机器人控制程序界面 | 20 |
| 在操作实训结束后，积极参加小组讨论，探讨实训操作过程中遇到的问题，并执行 5S 管理规定 (5S 是整理、整顿、清扫、清洁、素养这 5 个词的缩写，5S 管理是指在生产现场对人员、机器、材料、方法等生产要素进行有效管理 ) | 10 |

## 三、安全警示

我已认真阅读机器人操作安全规范，并预习了认识操作界面项目，针对该项目的特点我认为在安全防范上应注意以下几点：( 不少于 3 条 )

_____

_____

_____

_____

签名：_____

## 四、知识准备与实训工具和器材

机器人操作界面是用户与机器人系统进行交互和控制的界面，一般通过该界面用户可以实现对机器人的监控、指令输入、参数调整等操作。操作界面的设计直接影响到用户对机器人系统的使用体验和效率。

### 1. 知识准备

要认识机器人的操作界面，应了解掌握以下内容：

(1) 图形界面：许多机器人系统提供图形化的用户界面，通过图形界面用户可以直观地了解机器人的状态、运动轨迹、任务进度等信息。图形界面通常包括各种图表、图像、按钮等元素，便于用户进行交互操作。

(2) 控制面板：控制面板是操作界面的核心部分，用户可以通过控制面板输入指令、调整参数，控制机器人的运动和行为。控制面板通常包括按钮、滑块、文本框等控件，用于控制机器人的各个功能和动作。

(3) 状态显示：操作界面会实时显示机器人的状态信息，包括位置、速度、姿态、电量等。通过状态显示，用户可以及时了解机器人的运行情况，便于监控和调整。

(4) 任务管理：一些机器人操作界面提供任务管理功能，用户可以在界面上查看任务列表，添加、编辑或删除任务，并设置任务的优先级和执行顺序。这有助于用户对机器人的任务进行有效的管理和调度。

(5) 日志记录：机器人工作过程中通常会建立一个机器人的操作日志，其中包括用户的操作记录、系统报警信息等。通过日志记录，用户可以追溯操作历史，分析问题原因，进行故障排除或改进操作。

(6) 安全设置：为了保障操作的安全性，机器人操作界面通常会提供安全设置选项，用户可以设置权限、限制操作范围、启用紧急停止等功能，以防止意外事件的发生。

(7) 用户指南和帮助：一些操作界面还提供用户指南和帮助文档，介绍界面的使用方法、功能说明、常见问题解答等内容，帮助用户更好地理解和使用机器人系统。

认识机器人操作界面可以让用户更加熟悉机器人系统的操作流程和功能特点，提高操作效率和准确性，同时也有助于保障操作的安全性和可靠性。

2. 实训工具和器材

实训工具和器材如表 3-1-2 所示。

表 3-1-2　实训工具和器材

| 序号 | 名　称 | 数量 | 规格型号 |
| --- | --- | --- | --- |
| 1 | 机器人本体及控制柜 | 1 | ER3-600 |

## 五、电控柜面板按钮与接口功能介绍

机器人电控柜操作面板布置在电控柜正面，如图 3-1-1 所示，其中包括"主电源"开关、"伺服确认"按钮、"紧急停止"按钮、"网口"接口、"扩展 I/O"接口与"示教器"接口。

各开关按钮与接口功能如下：

(1) "主电源"开关：接通机器人电控柜与外部 220 V 电源。

(2) "伺服确认"按钮：在自动模式下按下该按钮时，绿灯常亮，表明伺服上电动作的确认。

图 3-1-1

(3) "紧急停止"按钮：当按下该按钮时，可以使机器人因断开伺服电源而停止。

(4) "网口"接口：连接机器人与外部局域网设备。

(5) "扩展 I/O"接口：连接机器人配套的扩展 I/O 设备。

(6) "示教器"接口：连接机器人控制器与示教器。

正确的开机与关机步骤如下。

开机：将"主电源"开关切换至 ON(I)，接通电控柜，等待机器人示教器进入主界面。

关机：将机器人停止在安全位置后，把"主电源"开关切换至 OFF(O)。

## 六、示教器介绍

示教器 (Flex Pendant) 是进行机器人手动操纵、程序编写、参数配置以及监控的手持装置，操纵机器人就必须与机器人的示教器打交道，它是最常用的机器人控制装置。

### 1. 手持操作示教器布局图

在示教器上，绝大多数操作均在触摸屏上完成，同时也保留了必要的按钮与操作装置，如图 3-1-2 所示。示教器包括触摸屏、"启动"按钮、"暂停"按钮、"模式"旋钮、"急停"按钮、功能键、连接电缆等。

图 3-1-2

**2. 按键功能**

具体按键功能介绍如表 3-1-3、表 3-1-4 和表 3-1-5 所示。

表 3-1-3　示教器右侧区域按键功能

| 区域 | 按　键 | 功　　能 |
|---|---|---|
| 示教器右侧区域 | "急停" | (1) 机器人运行过程中，遇到紧急情况时，按下此按钮，便可切断伺服电源。<br>(2) 切断伺服电源后，手持操作示教器的"伺服准备指示灯"熄灭，屏幕上显示急停信息。<br>(3) 故障排除后，可打开"急停"按钮，顺时针旋转，听到"咔"声，表示"急停"按钮打开，"急停"按钮打开后可继续接通伺服电源。<br>(4) 此按钮按下后将不能打开伺服电源，即"伺服确认"按钮无效 |
|  | "模式" 旋钮 | (1) 模式选择旋钮，可选择 AUTO 模式、T1 模式或 T2 模式。<br>(2) AUTO：自动模式，进入该模式可对已经编辑完成的程序进行完整演示。<br>(3) T1：手动慢速模式，进行手动操作时机器人运行速度最高为全局速度的 20%。<br>(4) T2：手动全速模式，进行手动操作时机器人运行速度最高为全局速度的 100% |

续表

| 区　域 | 按　键 | 功　能 |
|---|---|---|
| 示教器右侧区域 | "启动" | (1) 把模式旋钮设定到"AUTO"模式，按下电控柜"伺服确认"按钮，待伺服确认指示灯常亮后按下示教器上的"PWR"按钮，可听到电机抱闸打开的声音，此时按下"启动"按钮，机器人开始运行，自动运行选择的程序。<br>(2) 自动模式运行中，此指示灯亮起。<br>(3) 机器人经由外部启动时，此指示灯亮起 |
| | "暂停" | (1) 在任何模式下，按下此键，机器人暂停运行。<br>(2) AUTO 模式：按下此键，暂停指示灯亮，此时机器人处于暂停状态。按下"启动"按钮，机器人继续运行。<br>(3) 手动模式：按下此键，暂停指示灯亮起，机器人不能进行轴操作 |
| | "轴操作"<br>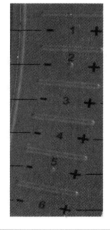 | (1) 对机器人各轴进行操作的键。<br>(2) 同时按住两个或更多的键，操作多个轴。<br>(3) 此键组仅在手动模式下有效 |
| | "单步运行"<br> | 在机器人手动运行时，这两个按键可控制程序单步运行上一行和单步运行当前行 |

表 3-1-4　示教器下部区域按键功能

| 区域 | 按　键 | 功　能 |
|---|---|---|
| 示教器下部区域 | "F1" <br> F1 | 可调出机器人报警窗口 |
| | "F2" <br> F2 | 快速按两次"F2"按键，对示教器当前界面截图 |
| | "F3" <br> F3 | 可切换机器人程序的运行模式 |
| | "F4" <br> F4 | 可编程按键，可以自定义相关 I/O，切换它的状态 |
| | "2nd" <br> 2nd | 用于切换本体轴运动或者附加轴运动 |
| | "坐标系图标按键" <br> ↳ | 在操作机器人时，用于切换不同坐标系 |
| | "主界面" <br> ⌂ | 可以将示教器切换至主界面 |
| | "运行速度" | 可以控制机器人速度倍率，长按可使速度连续发生改变 |
| | "PWR" <br> PWR | 机器人处于自动模式下机器人伺服上电的按钮 |

表 3-1-5 示教器侧面区域按键功能

| 区域 | 按 键 | 功 能 |
|---|---|---|
| 示教器侧面区域 | "三段开关" 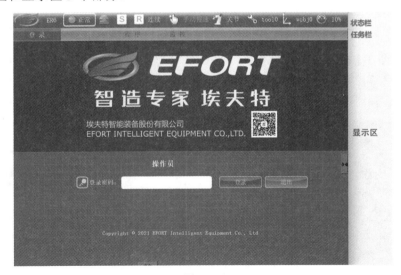 | (1) 按下此键，伺服电源接通。<br>(2) 当"模式旋钮"设定在 T1 或 T2 模式时，轻轻握住三段开关，伺服电源接通。<br>注意：如果用力过紧会导致手压开关进入第三段，伺服电源也无法接通 |

3. 主界面与子界面介绍

(1) 如图 3-1-3 所示，EFORT 工业机器人 C30 操作系统界面布局分为状态栏、任务栏和显示区 3 个部分。

图 3-1-3

(2) 状态栏详细内容如图 3-1-4 所示。

图 3-1-4

(3) 如图 3-1-5 所示，任务栏中显示的是已打开的 App 界面快捷按键。其中，登录、文件、程序、监控和设置是默认一直显示的，其余的显示在桌面中打开的 App 界面上。

图 3-1-5

(4) 图 3-1-6 所示为登录界面，EFORT 工业机器人 C30 操作系统提供操作员、工程师、管理员 3 个权限等级的账号，默认登录账号为操作员。如需切换账号，单击"登录"按钮，在密码弹窗中输入账号密码，即可登录其他账号。

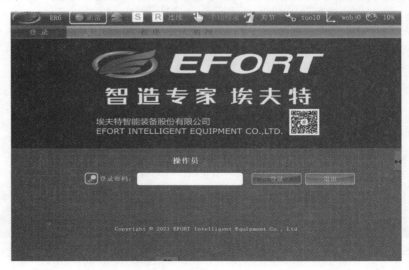

图 3-1-6

(5) 图 3-1-7 所示为文件管理界面，此界面可进行项目文件管理，完成项目新建、删除、重命名、复制、粘贴、剪切等操作。

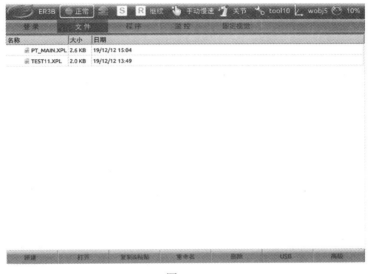

图 3-1-7

(6) 图 3-1-8 所示为程序界面，此界面是程序编辑器显示的程序，即当前控制器内存中加载的程序。

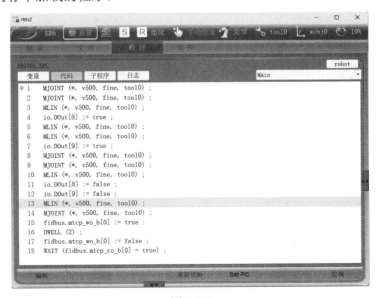

图 3-1-8

(7) 图 3-1-9 所示为机器人位置监控界面。

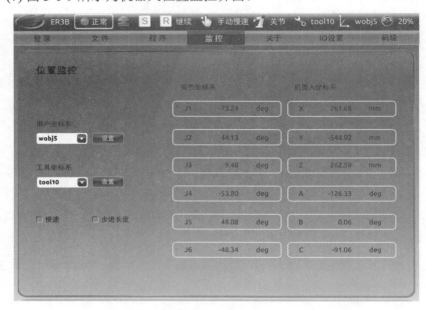

图 3-1-9

(8) 图 3-1-10 所示为机器人 I/O 监控界面。

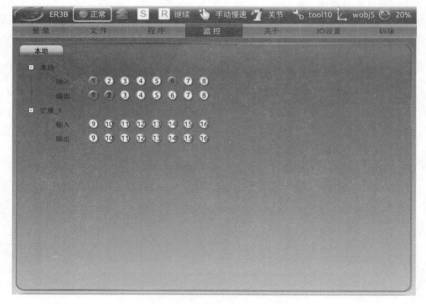

图 3-1-10

(9) 图 3-1-11 所示为机器人驱动器监控界面。

图 3-1-11

(10) 图 3-1-12 所示为机器人现场总线监控界面。

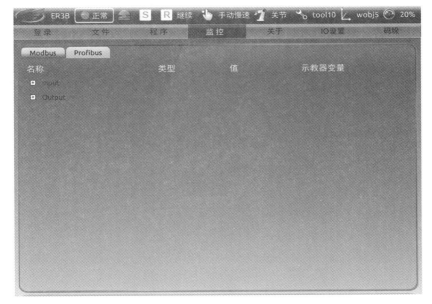

图 3-1-12

(11) 图 3-1-13 所示为工具坐标系界面，在此界面可进行工具坐标系的标定、修改、激活等操作。

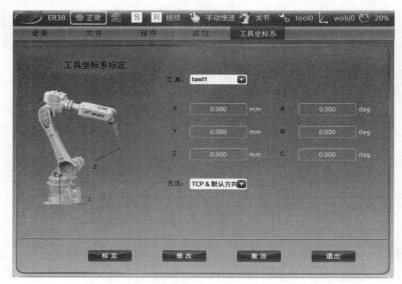

图 3-1-13

(12) 图 3-1-14 所示为用户坐标系界面，在此界面可进行用户坐标系的标定、修改、激活等操作。

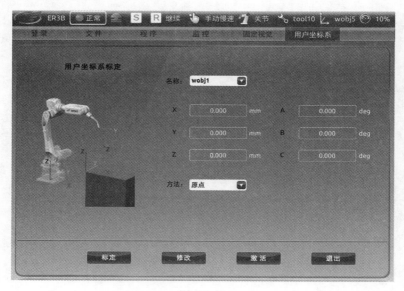

图 3-1-14

(13) 图 3-1-15 所示为系统设置界面。

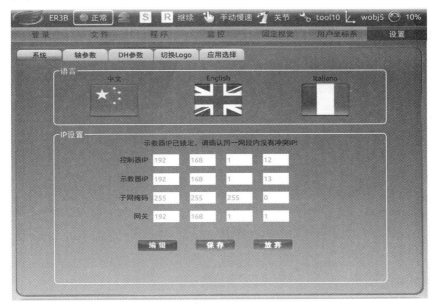

图 3-1-15

(14) 图 3-1-16 所示为轴参数设置界面。

图 3-1-16

(15) 图 3-1-17 所示为 DH 参数设置界面。

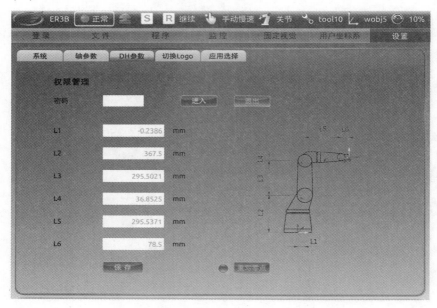

图 3-1-17

(16) 图 3-1-18 所示为切换 Logo 设置界面。

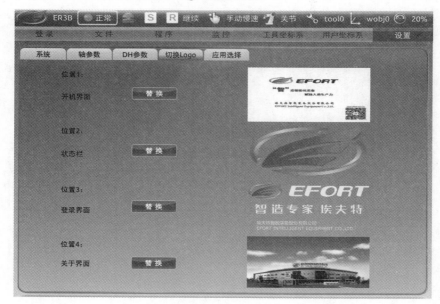

图 3-1-18

(17) 图 3-1-19 所示为应用选择设置界面。

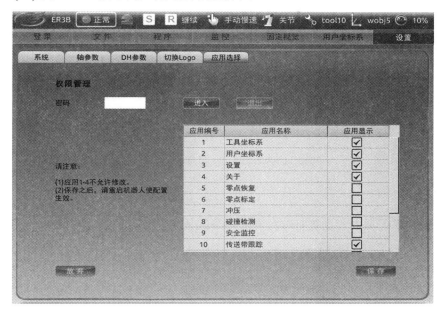

图 3-1-19

(18) 图 3-1-20 所示为当前软件版本信息界面。

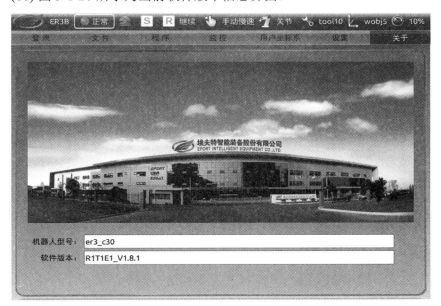

图 3-1-20

## 七、自我评价

项目完成后按下表进行自我评价。

| | |
|---|---|
| 安全生产 | |
| 实验操作 | |
| 团队合作 | |
| 清洁素养 | |

## 八、评分表

按下表各项内容进行打分，并对项目完成情况进行总结。

| 配 分 项 目 | 配 分 | 得 分 |
|---|---|---|
| 安全防范 | 10 | |
| 知识准备与实训工具和器材 | 10 | |
| 实训步骤 | 70 | |
| 自我评价 | 10 | |
| 合计 | 100 | |

# 项目 2　操作及手动移动机器人

操作及手动
移动机器人

## 一、教学目标

### 1. 知识

(1) 了解机器人坐标系及其组成与工作原理；

(2) 了解机器人末端执行器操作注意事项；

(3) 熟悉示教器的功能；

(4) 熟悉机器人操作安全知识。

### 2. 技能

(1) 掌握示教器上的每个按键的使用方法；

(2) 掌握组合键的使用方法；

(3) 能使用关节坐标、工具坐标、工件坐标等各种动作坐标系示教机器人；

(4) 能通过手动模式控制机器人末端执行器完成相应操作。

### 3. 过程与方法

能根据实训指导书的要求，采取小组合作的方式完成机器人的模式选择和移动机器人任务；在小组合作过程中，能合理安排工作过程，分配工作任务，注重安全规范；能总结并展示操作机器人的收获与体验。

## 二、学习内容与时间安排

操作及手动移动机器人学习要求如表 3-2-1 所示。

表 3-2-1　操作及手动移动机器人学习要求

| 学 习 要 求 | 时间 / min |
| --- | --- |
| 掌握示教器操作界面及各按钮的功能 | 20 |
| 手动移动机器人 | 60 |
| 在操作实训结束后，积极参加小组讨论，探讨实训操作过程中遇到的问题，并执行 5S 管理规定 | 10 |

## 三、安全警示

我已认真阅读机器人操作安全规范，并预习了操作及手动移动机器人项目，针对该项目的特点我认为在安全防范上应注意以下几点：（不少于 3 条）

_____

_____

_____

_____

_____

签名：_____

## 四、知识准备与实训工具和器材

### 1. 知识准备

操作及手动移动机器人是在机器人系统中通过手动方式对机器人进行控制和移动的过程。虽然大部分机器人系统都是通过自动化程序进行控制和操作的，但在某些情况下，需要人工介入来进行机器人的手动操作和移动，如进行零点标定、维护保养、紧急情况处理等。

操作及手动移动机器人的一般步骤如下：

(1) 安全检查：在进行手动操作之前，需要进行安全检查，确保机器人系统和周围环境的安全状态。关闭机器人的自动化程序，并确保机器人处于安全模式或紧急停止状态。

(2) 手动控制介入：根据需要，启用机器人的手动控制模式，允许操作员通过手动方式对机器人进行控制。这可能涉及启用手柄、控制台或其他手动控制设备。

(3) 操作执行：根据需要对机器人执行特定的操作，如手动移动机器人的关节或执行器，调整机器人的姿态或位置，执行特定的任务等。

(4) 监控与调整：在手动操作过程中，持续监控机器人的状态和执行情况。根据需要进行调整和微调，确保机器人按照预期的方式进行移动和操作。

(5) 安全措施：在进行手动操作时，要严格遵守安全规定和操作流程，确保操作人员和周围人员的安全，避免手动操作过程中发生意外或损坏机器人系统。

(6) 记录与报告：记录手动操作过程中的关键信息和事件，包括操作时间、操作内容、执行结果等。这有助于后续的跟踪和分析，并可以作为参考资料进行报告和总结。

(7) 退出手动模式：在手动操作完成后，及时退出手动控制模式，恢复机器人的自动化控制程序，确保机器人能够继续按照预设任务进行运行。

通过合理的操作及手动移动机器人流程，可以确保在需要时能够有效地对机器人进行手动控制和操作，从而满足特定的任务需求，并确保操作的安全性和准确性。

### 2. 实训工具和器材

实训工具和器材如表 3-2-2 所示。

表 3-2-2　实训工具和器材

| 序号 | 名　　称 | 数量 | 规格型号 |
| --- | --- | --- | --- |
| 1 | 机器人本体及控制柜 | 1 | ER3-600 |

### 3. 机器人坐标系统介绍

机器人是个复杂的系统，它的每一个动作都是各个元部件协同运动的结果。机器人的机械本体是实现机器人运动的基础，它由底座、大臂、小臂、手腕和管线等部分组成。图 3-2-1 标示了埃夫特 ER3A-C60 机器人各个组成部分及各运动关节的定义，"+"代表轴运动的正方向，"-"代表轴运动的负方向。

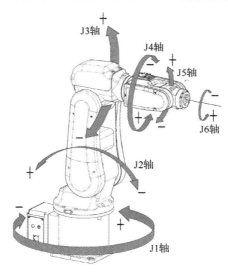

图 3-2-1

为了系统、精确地描述各个元部件的作用以及它们之间的位置关系，需要引入一套机器人坐标系统。通常在使用和操作机器人时，需要用到关节坐标系、机器人坐标系、工具坐标系和用户坐标系。

(1) 关节坐标系：关节坐标系 (Axis Coordinate System，ACS) 是以各轴机械零点为原点所建立的纯旋转的坐标系。机器人的各个关节可以独立地旋转，也可以一起联动。表 3-2-3 描述了在示教模式下当坐标系设定为关节坐标系且按下"轴操作"按钮时机器人各轴的动作情况。

表 3-2-3　关节坐标系的轴动作

| 轴 名 称 | | "轴操作"按钮 | 动　作 |
|---|---|---|---|
| 基本轴 | J1 轴 | − 1 + | 本体左右回旋 |
| | J2 轴 | − 2 + | 下臂前后运动 |
| | J3 轴 | − 3 + | 上臂上下运动 |
| 腕部轴 | J4 轴 | − 4 + | 上臂带手腕回旋 |
| | J5 轴 | − 5 + | 手腕上下运动 |
| | J6 轴 | − 6 + | 手腕回旋 |

注意：同时按下两个以上"轴操作"按钮时，机器人按合成动作运动，但如像 [J1−] + [J1+] 这样将同轴反方向两个按钮同时按下时，则该轴不动作。

(2) 机器人坐标系：机器人坐标系 (Kinematic Coordinate System，KCS) 是用来对机器人进行正逆向运动学建模的坐标系，它是机器人的基础笛卡尔坐标系，也可以称为机器人基础坐标系 (Base Coordinate System，BCS) 或运动学坐标系，如图 3-2-2 所示。机器人工具末端 TCP 中心点 (TOOL CENTER POINT) 在该坐标系下可以沿坐标系 X 轴、Y 轴、Z 轴做移动运动，以及绕坐标系 X 轴、Y 轴、Z 轴做旋转运动。

表 3-2-4 描述了在示教模式下当坐标系设定为机器人坐标系时，机器人工具末端 TCP 沿机器人坐标系的 X 轴、Y 轴、Z 轴方向的平行移动，绕机器人坐标系的 X 轴、Y 轴、Z 轴方向的旋转运动情况。

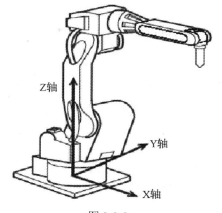

图 3-2-2

表 3-2-4　机器人坐标系的轴动作

| 轴 名 称 | | "轴操作"按钮 | 动　作 |
|---|---|---|---|
| 移动轴 | X 轴 | − 1 + | 沿机器人坐标系 X 轴平移运动 |
| | Y 轴 | − 2 + | 沿机器人坐标系 Y 轴平移运动 |
| | Z 轴 | − 3 + | 沿机器人坐标系 Z 轴平移运动 |
| 旋转轴 | 绕 X 轴 | − 4 + | 绕机器人坐标系 X 轴旋转运动 |
| | 绕 Y 轴 | − 5 + | 绕机器人坐标系 Y 轴旋转运动 |
| | 绕 Z 轴 | − 6 + | 绕机器人坐标系 Z 轴旋转运动 |

**注意**：同时按下两个以上"轴操作"按钮时，机器人按合成动作运动。但如像 [X-] + [X+] 这样将同轴反方向两个按钮同时按下，则该轴不动作。

(3) 工具坐标系：工具坐标系 (Tool Coordinate System，TCS) 把机器人腕部法兰盘所持工具的有效方向作为 Z 轴，并把工具坐标系的原点定义在工具的 TCP 点处。当机器人没有安装工具时，工具坐标系建立在机器人法兰盘端面中心点上，Z 轴方向垂直于法兰盘端面并指向法兰盘端面的前方，如图 3-2-3 所示。当机器人运动时，随着工具末端点 TCP 点的运动，工具坐标系也随之运动。表 3-2-5 描述了工具坐标系下沿 X 轴、Y 轴、Z 轴的移动以及绕 X 轴、Y 轴、Z 轴旋转运动的情况。

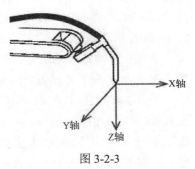

图 3-2-3

表 3-2-5　工具坐标系的轴动作

| 轴 名 称 | | "轴操作" 按钮 | 动 作 |
|---|---|---|---|
| 移动轴 | X 轴 | − 1 + | 沿工具坐标系 X 轴平移运动 |
| | Y 轴 | − 2 + | 沿工具坐标系 Y 轴平移运动 |
| | Z 轴 | − 3 + | 沿工具坐标系 Z 轴平移运动 |
| 旋转轴 | 绕 X 轴 | − 4 + | 绕工具坐标系 X 轴旋转运动 |
| | 绕 Y 轴 | − 5 + | 绕工具坐标系 Y 轴旋转运动 |
| | 绕 Z 轴 | − 6 + | 绕工具坐标系 Z 轴旋转运动 |

注意：同时按下两个以上"轴操作"按钮时，机器人按合成动作运动。但如像 [X-] + [X+] 这样将同轴反方向两个按钮同时按下，则该轴不动作。

另外，由于沿工具坐标系移动时，以工具的有效方向为基准，与机器人的位置、姿态无关，因此，当进行相对于工件不改变工具姿势的平行移动操作时，选择工具坐标系最为适宜。

(4) 用户坐标系：用户坐标系 (User Coordinate System, UCS) 是用户对每个作业空间进行自定义的直角坐标系，它用于位置寄存器的示教和执行、位置补偿指令的执行等。在没有定义的时候，将由大地坐标系来替代该坐标系，如图 3-2-4 所示。埃夫特 ROBOX 用户坐标系下可支持用户保存 10 个自定义的用户坐标系。表 3-2-6 描述了在用户坐标系下沿 X 轴、Y 轴、Z 轴的平行移动以及绕 X 轴、Y 轴、Z 轴旋转运动的情况。

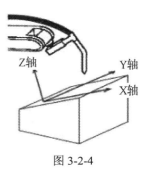

图 3-2-4

表 3-2-6　用户坐标系的轴动作

| 轴 名 称 | | "轴操作" 按钮 | 动 作 |
|---|---|---|---|
| 移动轴 | X 轴 | − 1 + | 沿用户坐标系 X 轴平行移动 |
| | Y 轴 | − 2 + | 沿用户坐标系 Y 轴平行移动 |
| | Z 轴 | − 3 + | 沿用户坐标系 Z 轴平行移动 |
| 旋转轴 | 绕 X 轴 | − 4 + | 绕用户坐标系 X 轴旋转运动 |
| | 绕 Y 轴 | − 5 + | 绕用户坐标系 Y 轴旋转运动 |
| | 绕 Z 轴 | − 6 + | 绕用户坐标系 Z 轴旋转运动 |

注意：同时按下两个以上"轴操作"按钮时，机器人按合成动作运动。但如像 [X-] + [X+] 这样将同轴反方向两个按钮同时按下，则该轴不动作。

## 五、实训步骤

### 1. 手动上电

(1) 见图 3-2-5，开机并登录管理员权限，登录密码为 999999。

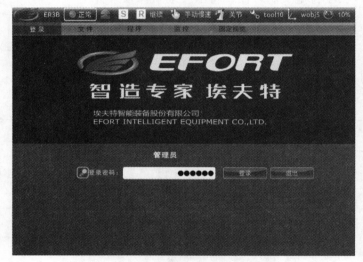

图 3-2-5

(2) 见图 3-2-6，旋转"模式旋钮"至 T1 模式。

(3) 见图 3-2-7，轻握"三段开关"，伺服上电。

图 3-2-6                    图 3-2-7

### 2. 激活关节坐标系

(1) 见图 3-2-8，将坐标系类型设置为关节坐标系。单击示教器面板下方的"坐标系"按钮，直到示教器状态栏中坐标系图标显示为"关节"状态。

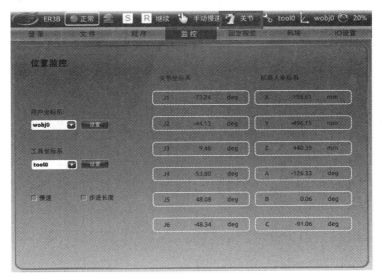

图 3-2-8

(2) 见图 3-2-9，单击示教器面板右侧的"-""+"按钮，即可调节工业机器人相应关节轴的运动角度。

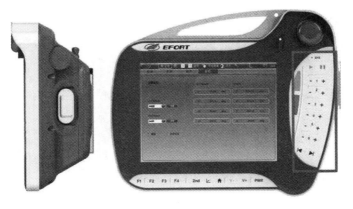

图 3-2-9

### 3. 以不同速度倍率手动操作机器人

(1) 见图 3-2-10，慢速点动操作。将模式选择旋钮转动至中间位置，改为

T1 模式，此时状态栏中的图标变更为"手动慢速"，调速按钮"V-""V+"调整全局速度，其速度范围可设置为 1%～20%。

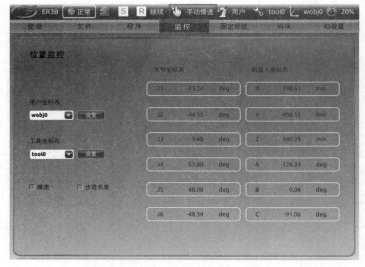

图 3-2-10

(2) 见图 3-2-11，全速点动操作。将模式选择旋钮转动至右边位置，改为 T2 模式，此时状态栏中的图标变更为"手动全速"，调速按钮"V-""V+"调整全局速度，其速度范围可设置为 1%～100%。

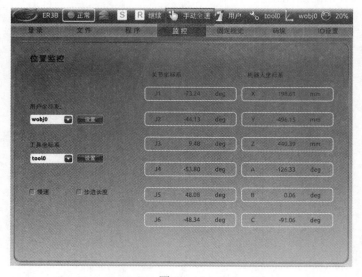

图 3-2-11

### 4. 操作机器人使工具末端至参考点

见图 3-2-12，在机器人坐标系下手动操作机器人，从不同方向使机器人工具末端移动到参考工具顶点。

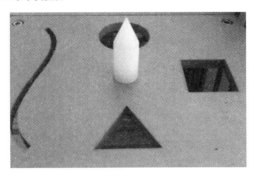

图 3-2-12

### 5. 在用户坐标系中移动机器人

见图 3-2-13，切换坐标系至用户坐标系。手动操作机器人，从不同方向使机器人工具末端移动到参考工具顶点。

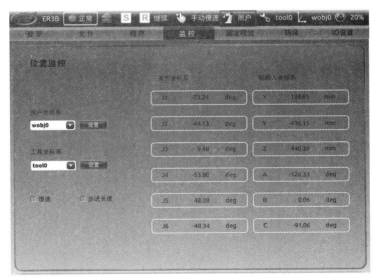

图 3-2-13

操作要点：

(1) 手动上电是示教模式下操作机器人的前提条件。

(2) 注意观察手动操作过程中，机器人的各轴运动方向及路径。

## 六、自我评价

项目完成后按下表进行自我评价。

| | |
|---|---|
| 安全生产 | |
| 实验操作 | |
| 团队合作 | |
| 清洁素养 | |

## 七、评分表

按下表各项内容进行打分，并对项目完成情况进行总结。

| 配 分 项 目 | 配 分 | 得 分 |
|---|---|---|
| 安全防范 | 10 | |
| 知识准备与实训工具和器材 | 10 | |
| 实训步骤 | 70 | |
| 自我评价 | 10 | |
| 合计 | 100 | |

# 项目 3　程序管理与执行

程序管理与执行

## 一、教学目标

### 1. 知识

(1) 理解机器人的运动轨迹及编程指令；

(2) 掌握机器人程序的新建、启动、停止、拷贝的方法。

### 2. 技能

(1) 掌握移动指令 MJOINT 与控制指令 GOTO 的功能与使用方法；

(2) 掌握程序创建与命名的方法，能对程序进行编辑、修改、调用、备份；

(3) 掌握程序编程方法；

(4) 学会用单步运行和连续运行控制机器人，能设定机器人的运动速度和运动轨迹。

### 3. 过程与方法

能根据实训指导书的要求，采取小组合作的方式完成机器人的程序管理与执行项目；在小组合作过程中，能合理安排工作过程，分配工作任务，注重安全规范；能总结并展示操作机器人的收获与体验。

## 二、学习内容与时间安排

程序管理与执行学习要求如表 3-3-1 所示。

表 3-3-1　程序管理与执行学习要求

| 学 习 要 求 | 时间 / min |
|---|---|
| 掌握程序创建步骤 | 20 |
| 掌握简单程序编写方法 | 30 |
| 掌握程序试运行与循环执行方法 | 30 |
| 在操作实训结束后，积极参加小组讨论，探讨实训操作过程中遇到的问题，并执行 5S 管理规定 | 10 |

## 三、安全警示

我已认真阅读机器人操作安全规范，并预习了程序管理与执行项目，针对该项目的特点我认为在安全防范上应注意以下几点：（不少于 3 条）

_____

_____

_____

_____

签名：_____

## 四、知识准备与实训工具和器材

### 1. 知识准备

机器人程序管理与执行是指在机器人系统中管理、调度和执行各种任务程序的过程。这些任务程序可以包括机器人的运动控制、路径规划、感知处理、决策逻辑等，是机器人完成特定任务的指令集合。有效的程序管理与执行可以确保机器人按照预期的方式执行任务，并在运行过程中保持稳定性和可靠性。

机器人程序管理与执行的一般步骤如下：

(1) 程序开发：首先开发机器人需要执行的任务程序。这可能涉及编写运动控制算法、路径规划算法、感知处理算法等，以及设计任务逻辑和条件判断。

(2) 程序上传：将开发好的程序上传到机器人控制系统中，确保程序可以被正确加载和执行。这可能需要通过特定的软件工具或编程接口进行上传操作。

(3) 任务调度：根据任务的优先级和执行顺序，进行任务调度和排队。这确保了机器人在多任务环境下能够按照预期的顺序执行任务，并合理分配资源。

(4) 程序执行：执行已调度的任务程序，指导机器人完成各种操作。这可能涉及机器人的运动控制、传感器数据采集、决策逻辑执行等过程。

(5) 异常处理：在程序执行过程中，可能会出现各种异常情况，如传感器故障、执行器失效、环境变化等。需要设计相应的异常处理机制，及时检测并采取适当的措施，以确保机器人能够安全地应对异常情况。

(6) 监控与反馈：实时监控机器人的执行状态和任务进度，获取执行过程中的反馈信息。这有助于及时发现问题并进行调整，确保任务顺利执行。

(7) 日志记录：记录程序执行过程中的关键信息和事件，包括任务开始时间、结束时间、执行结果等。这有助于后续的故障排查、性能分析和工作优化。

(8) 更新与维护：定期对机器人的程序进行更新与维护，包括修复已知的问题、优化性能、适应新的任务需求等。这可以确保机器人始终具有最新的功能和性能。

通过有效的程序管理与执行，可以实现机器人系统的高效运行，并确保机器人能够按照预期完成各种任务，提高生产效率和质量。

2. 实训工具和器材

实训工具和器材如表 3-3-2 所示。

表 3-3-2　实训工具和器材

| 序号 | 名　称 | 数量 | 规格型号 |
|---|---|---|---|
| 1 | 机器人本体及控制柜 | 1 | ER3-600 |

3. 编程指令

指示机器人在程序点之间采取何种轨迹移动的命令称为插补方式。确定插补方式后，再由位置数据和再现速度来定义移动参数。

本项目用到了控制指令 GOTO 和移动指令 MJOINT，这两个指令的功能、参数说明与应用举例如表 3-3-3 所示。

表 3-3-3　GOTO 与 MJOINT 指令说明

| 指令 | 功能说明 | 使用举例 | 参　数　说　明 |
|---|---|---|---|
| GOTO | 跳转指令 | GOTO a 表示跳转到标签 a 所在位置 | a = < 标签 > |
| MJOINT | 关节插补方式移动至目标位置 | 例 1：MJOINT(*, V500, fine, tool0) 关节插补方式移动至目标位置，单击 "MJOINT PJ" 图标即可插入该点。<br>例 2：MJOINT(P1, V500, fine, tool0) 关节插补方式移动至目标位置 P1，P1 点是在位置型变量中提前示教好的位置点，1 代表该点的序号 | V500 = <500 mm/s>：V500 表示运行速度，取值为 100～2000，默认值为 500。运动指令的实际速度 = 设置中 MJOINT 最大速度 × V 运动指令设置运行速度 × SPEED 指令速度设置百分比。<br>P1 = < 位置点 >：例 1 中没有此参数，则表示目标位置使用运动过程中标定的位置点；例 2 中有 P 点参数，则表示位置点是在位置型变量内标定好的点。<br>Fine = < 圆滑过渡方式 >：圆滑过渡方式分为两种，一种为 fine，即不使用圆滑过渡，另一种是设置圆滑过渡百分比 (Z10～Z200)，圆滑过渡百分比越大，机器人运行时就更柔顺平滑。<br>tool0 = < 工具坐标系编号 >：当前启用的工具坐标系编号为 0 |

# 五、实训步骤

### 1.文件的新建

(1) 见图 3-3-1，启动系统并登录管理员权限。

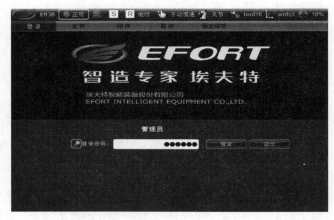

图 3-3-1

(2) 见图 3-3-2，在文件菜单下单击"新建"按钮，在菜单中选择文件选项。

图 3-3-2

(3) 见图 3-3-3，用弹出的键盘输入文件的名称，单击"√"，完成文件的创建。

图 3-3-3

(4) 见图 3-3-4，选择"代码"，单击"编辑"进行指令添加等程序编写操作。

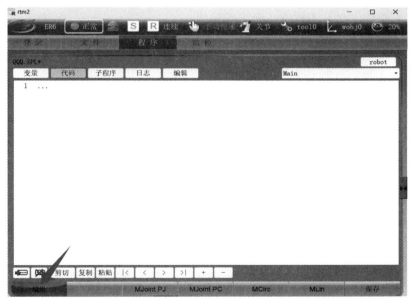

图 3-3-4

## 2. 文件的复制

(1) 见图 3-3-5，按照"文件新建"的创建步骤再次创建一个文件。

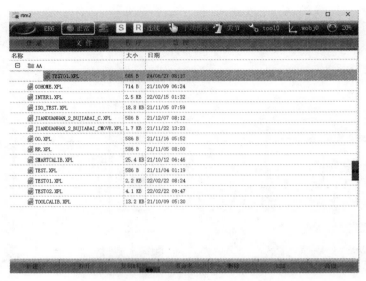

图 3-3-5

(2) 见图 3-3-6，选中需要复制的文件，然后单击"复制 & 粘贴"就会得到复制的文件，文件的剪切与此步骤相似。

图 3-3-6

### 3. 文件的重命名

见图 3-3-7，选中需要重命名的文件，单击"重命名"按钮，在弹出的对话框中输入新的名称后确认即可。

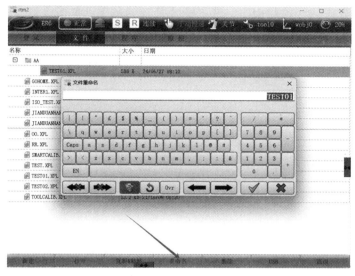

图 3-3-7

### 4. 文件的删除

见图 3-3-8，选中需要删除的文件，单击下方的"删除"按钮，在弹出的对话框中选择"是"，即可删除文件。

图 3-3-8

## 5. 程序的执行

(1) 见图 3-3-9，加载程序。选中需要打开的文件，单击"打开"按钮，在弹出的对话框中选择"是"，等待文件加载完成。

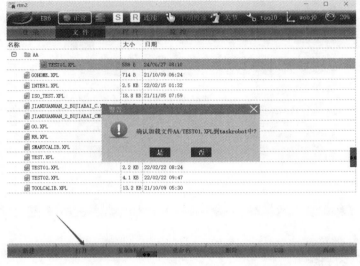

图 3-3-9

(2) 见图 3-3-10，单步运行。单击"F3"切换至"单步进入"状态，这里以"单步进入"状态为例，选择第 11 行，单击"Set PC"。

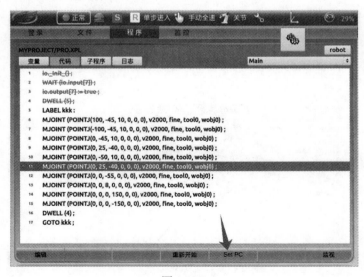

图 3-3-10

(3) 见图 3-3-11，单击示教器右侧"Start"按钮，程序从当前行开始运行。当前行运行完成后，指针将跳转至下一行，程序指针状态由灰色箭头变为绿色箭头。

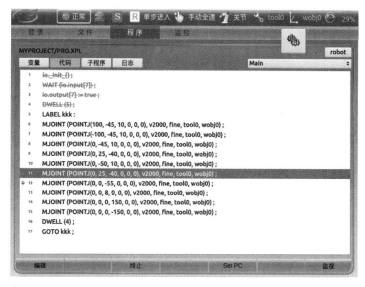

图 3-3-11

(4) 见图 3-3-12，若选择其他行，则再单击"Set PC"，指针可以切换到该行。

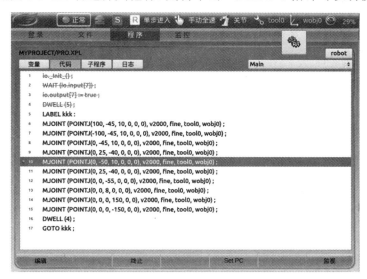

图 3-3-12

(5) 见图 3-3-13，若单击示教器右侧"终止"按钮，则程序指针由绿色箭头变为灰色箭头，当前程序被终止。

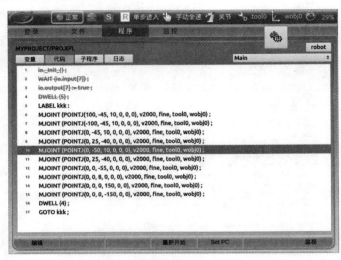

图 3-3-13

（6）见图 3-3-14，单击"重新开始"按钮，程序指针会返回至第一行。单击"监视"按钮可以查看当前机器人的位置。

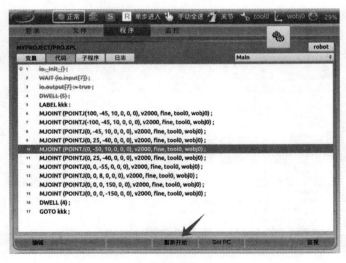

图 3-3-14

（7）见图 3-3-15，连续运行。在运行程序前，需要将机器人伺服使能（将钥匙开关切换到手动模式，并按下手压开关；或将钥匙开关切换到自动模式，并按下示教器上的"PWR"功能键），该过程与单步运行相似，与单步运行不同之处在于，当程序从某一行开始执行后，直到程序末尾结束，在运行过程中单击"Stop"按钮，程序暂停运行；再按下"Start"按钮，程序能够继续执行。

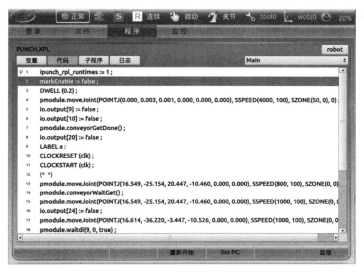

图 3-3-15

(8) 见图 3-3-16，运行错误。当编辑的程序文件存在问题、语句存在问题以及运动出现错误时，系统都会产生报警。通过单击"日志"按钮查看运行日志，可以获取具体的报警信息。单击"清除错误"按钮可以清除当前的报警。

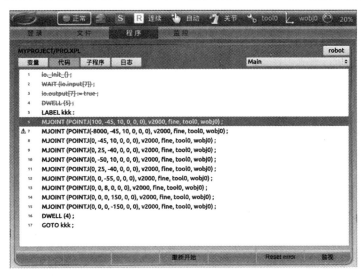

图 3-3-16

## 六、自我评价

项目完成后按下表进行自我评价。

| | |
|---|---|
| 安全生产 | |
| 实验操作 | |
| 团队合作 | |
| 清洁素养 | |

## 七、评分表

按下表各项内容进行打分，并对项目完成情况进行总结。

| 配 分 项 目 | 配 分 | 得 分 |
|---|---|---|
| 安全防范 | 10 | |
| 知识准备与实训工具和器材 | 10 | |
| 实训步骤 | 70 | |
| 自我评价 | 10 | |
| 合计 | 100 | |

# 项目 4 │ 测试程序编写

测试程序编写

## 一、教学目标

### 1. 知识

(1) 了解机器人的指令种类；

(2) 熟悉机器人程序编写步骤；

(3) 熟悉机器人编程规范；

(4) 熟悉机器人避障和路径优化方法。

### 2. 技能

(1) 掌握每条指令的添加方式；

(2) 掌握每条指令中各个参数的含义；

(3) 熟练移动机器人进行示教；

(4) 掌握加载程序的方法；

(5) 掌握程序的手动运行和自动运行的方法；

(6) 能评估及优化机器人轨迹程序；

(7) 能通过优化机器人程序指令，提高机器人的工作效率。

### 3. 过程与方法

能根据实训指导书的要求，采取小组合作的方式完成机器人的测试程序编写任务；在小组合作过程中，能合理安排工作过程，分配工作任务，注重安全规范；能总结并展示机器人测试程序编写过程中的收获与体验。

## 二、学习内容与时间安排

测试程序编写学习要求如表 3-4-1 所示。

表 3-4-1　测试程序编写学习要求

| 学 习 要 求 | 时间 / min |
| --- | --- |
| 了解机器人指令用法 | 20 |
| 手动执行测试程序 | 20 |
| 按照实训步骤完成指定指令的程序编写任务 | 40 |
| 在操作实训结束后，积极参加小组讨论，探讨实训操作过程中遇到的问题，并执行 5S 管理规定 | 10 |

## 三、安全警示

我已认真阅读机器人操作安全规范，并预习了测试程序编写项目，针对该项目的特点我认为在安全防范上应注意以下几点：（不少于 3 条）

_____

_____

_____

_____

_____

签名：_____

## 四、知识准备与实训工具和器材

### 1. 知识准备

机器人测试程序编写是为机器人系统编写用于验证其功能、性能和稳定性的测试程序的过程。这些测试程序通常涵盖了机器人系统的各个方面，包括硬件、软件、传感器、执行器等，以确保机器人在实际应用中能够正常工作并达到预期的要求。

编写机器人测试程序的一般步骤如下：

（1）确定测试目标：首先需要明确测试的目标和范围，包括要测试的功能、性能指标、测试环境等。这有助于确保测试程序的有效性和全面性。

（2）设计测试用例：根据测试目标，设计一系列测试用例，覆盖机器人系统的各个方面，如运动控制、传感器数据采集、通信功能等。每个测试用例应该有清晰的输入、预期输出和执行步骤。

(3) 选择测试工具：根据测试需求选择合适的测试工具和设备，如仿真环境、模拟器、调试器、数据采集工具等。这些工具有助于简化测试过程并提高测试效率。

(4) 编写测试代码：根据设计的测试用例，编写相应的测试代码或脚本，用于执行测试并验证机器人系统的功能和性能。这可能涉及 Python、C++ 等编程语言以及机器人系统的 API 或控制接口。

(5) 执行测试：在适当的测试环境中执行编写的测试代码，收集测试结果并进行分析。确保测试覆盖了所有设计的测试用例，并记录测试过程中出现的任何问题或异常。

(6) 分析测试结果：分析测试结果，评估机器人系统的性能和稳定性，识别可能存在的问题或改进空间。这可能需要对数据进行统计分析、可视化或与预期结果进行比较。

(7) 优化和调试：根据测试结果进行系统优化和调试，修复发现的问题并改进系统性能。这可能涉及修改代码、调整参数或硬件配置等。

(8) 文档和报告：撰写测试报告，总结测试过程、结果，撰写结论，记录测试程序的设计和执行细节，以便未来参考和复用。

通过编写有效的机器人测试程序，有助于确保机器人系统的稳定性和可靠性，提高其在实际应用中的表现和用户满意度。

执行程序测试的目的是确认机器人按正确的方式完成了所期望的动作，并不断进行轨迹优化和程序优化，以提高机器人的运行效率，降低运行隐患。

2. 实训工具和器材

实训工具和器材如表 3-4-2 所示。

表 3-4-2　实训工具和器材

| 序号 | 名　　称 | 数量 | 规格型号 |
|---|---|---|---|
| 1 | 机器人本体及控制柜 | 1 | ER3-600 |

## 五、实训步骤

1. 准备工作

启动系统，登录权限，并新建一个程序文件。

2. 变量的编辑

(1) 图 3-4-1 所示为变量的数据类型与变量的存储类型。变量的数据类型包括 BOOL、DINT、UDINT 等，存储类型包括 VAR、CONST、RETAIN 等。

TOOL：工具，运动指令中使用的工具参数。

SPEED：速度，运动指令中使用的速度参数。

POINTC：笛卡尔空间位姿，包含 3 个位置和 3 个旋转姿态的笛卡尔空间点。

ZONE：圆弧过渡，两个连续动作指令重登的参数。

VECT3：三维实向量，由 3 个实数组成的三维向量。

POINTJ：关节位置，轴组中各个关节的数值。

BOOL：布尔，布尔类型数值（真或假）。

DINT：双精度整数，32 位整数，可以取负值（如-1234）。

UDINT：无符号双精度整数，32 位整数，只能取正数（如 25）。

TRIGGER：触发，在运动指令中用于触发事件的数据类型。

LREAL：长实数，双精度浮点数（如 3.67）。

STRING：字符串。

REPSYS：参考坐标系，笛卡尔空间运动参考坐标系。

ROBOT：机器人轴组名，用于程序中运动指令指定轴组。

VAR：可变量，该变量可以在 RPL 程序中赋值，当 RPL 程序直新启动时它的值就会丢失。

CONST：常量变量，该变量不能在 RPL 程序中赋值，必须使用初始值来赋值。

RETAIN：持续性变量，当 RPL 程序从内存中卸载时，变量的值将被保留。

图 3-4-1

(2) 见图 3-4-2，添加变量。先单击"变量"按钮，再单击圆圈标识处的按钮，弹出添加变量窗口。根据需要选择变量的作用域、变量类型和存储方式。

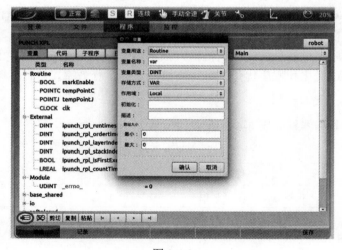

图 3-4-2

(3) 见图 3-4-3，删除变量。在变量管理界面，选择需要删除的变量，然后单击图中圆圈标识处。

图 3-4-3

3. 子程序的创建

(1) 见图 3-4-4，新建子程序。先单击"子程序"标签；再单击"新建"按钮 ，在弹出的虚拟键盘对话框中填入子程序名称后，单击"√"即可完成子程序的添加。

图 3-4-4

(2) 见图 3-4-5，切换子程序。单击标签栏右上角的程序名显示栏，会弹出程序列表，在程序列表中单击相应的程序，系统将会自动切换为该程序的代码、变量。

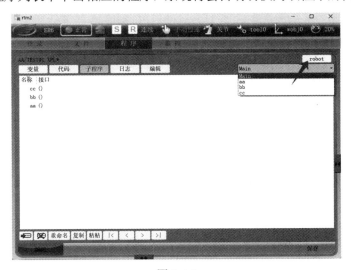

图 3-4-5

（3）见图 3-4-6，删除子程序。选中要删除的子程序，单击下方的"删除"按钮 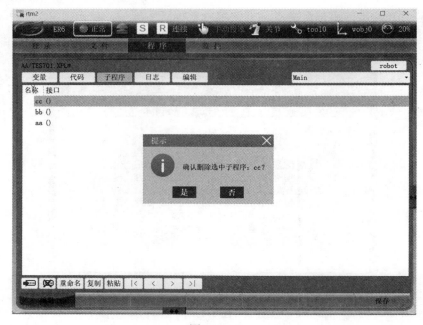，即可删除该子程序。

图 3-4-6

4. 程序的编写

（1）图 3-4-7 所示为指令的类型。目前 RPL 程序语言包括通用、Movement、Interrupt、Other、Trigger 等几种指令集。

图 3-4-7

（2）见图 3-4-8，创建并加载一个程序文件，新建文件的程序编辑初始页面。

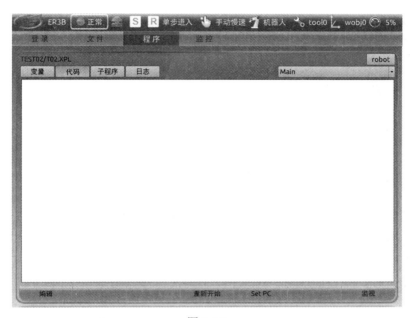

图 3-4-8

(3) 见图 3-4-9，选中"代码"，然后单击图中左下角的"编辑"按钮进入编辑模式。

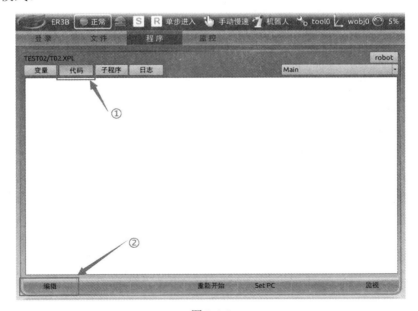

图 3-4-9

(4) 见图 3-4-10，选中"..."那一行，单击图中所示处的"编辑"按钮。

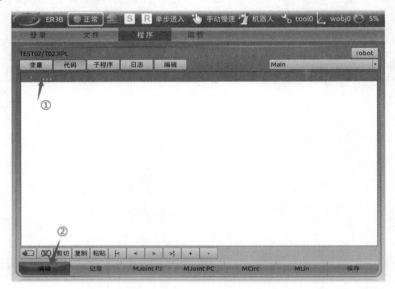

图 3-4-10

(5) 见图 3-4-11，进入程序编辑界面。

图 3-4-11

(6) 见图 3-4-12，添加 MJOINT 指令。选择 Movement 指令组，在指令列

表中找到 MJOINT 指令，然后单击图中右下角的"添加"按钮进入到指令编辑界面。

图 3-4-12

(7) 图 3-4-13 所示为指令编辑界面。

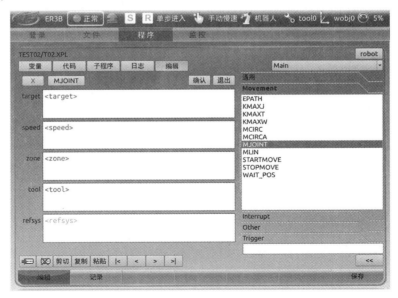

图 3-4-13

(8) 见图 3-4-14，创建位置变量。选择 <target>。

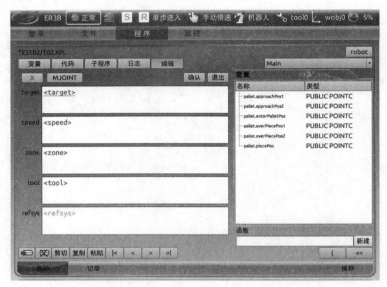

图 3-4-14

(9) 见图 3-4-15，单击图中右下方的"新建"按钮，弹出位置变量编辑界面。

图 3-4-15

(10) 见图 3-4-16，更改变量名称、变量类型等，选择完毕后单击"确认"

按钮然后关闭"变量"窗口。

图 3-4-16

(11) 见图 3-4-17,示教该点位置。先选中该变量,再将机器人调至合适位置,单击下方的"记录"按钮,完成该点位置的示教。

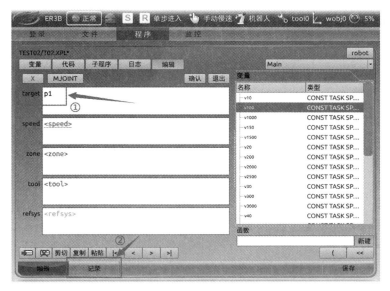

图 3-4-17

(12) 见图 3-4-18, 更改速度参数。单击 <speed>, 在右侧选择合适的速度参数。

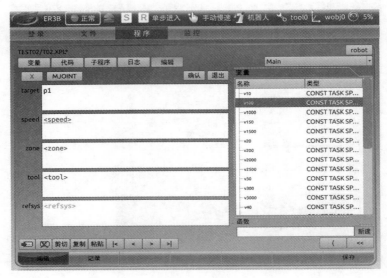

图 3-4-18

(13) 见图 3-4-19, 更改过渡区域参数。单击 <zone>, 在右侧选择合适的参数, 值越大, 拐点越圆滑。

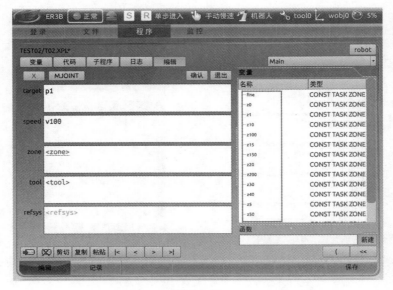

图 3-4-19

(14) 见图 3-4-20，设置工具坐标系参数，选择 <tool>。

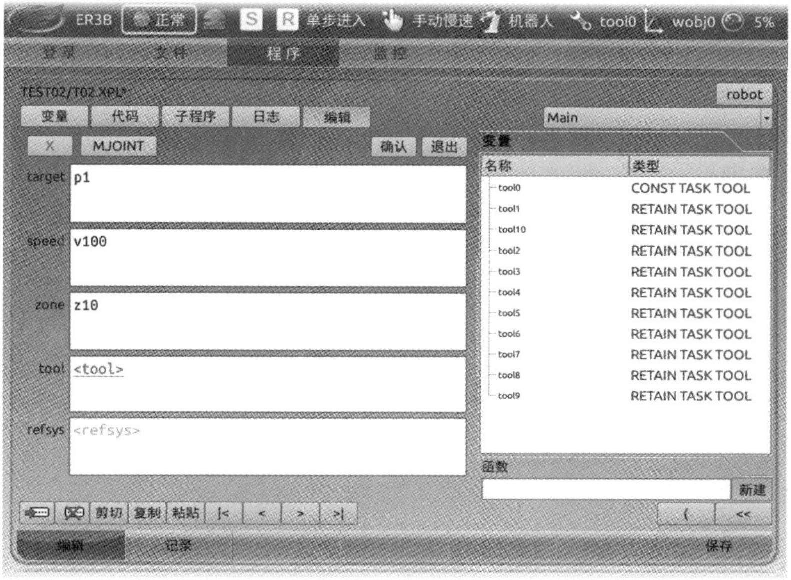

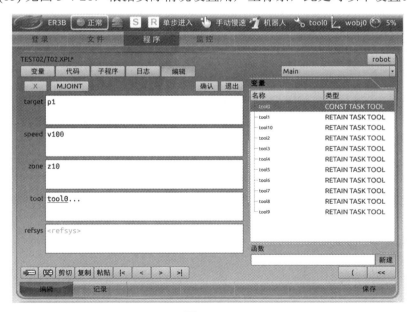

图 3-4-20

(15) 见图 3-4-21，根据实际情况设置用户坐标系，此处可以不设置。

图 3-4-21

(16) 见图 3-4-22，完成对 MJOINT 指令的编辑。

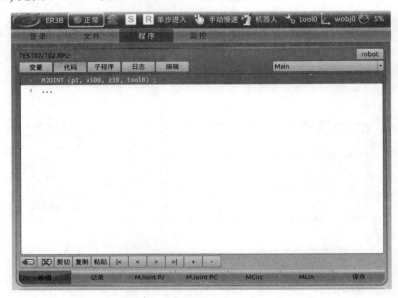

图 3-4-22

(17) 见图 3-4-23，MLIN 指令、MCIRC 指令的添加与 MJOINT 指令的添加类似。

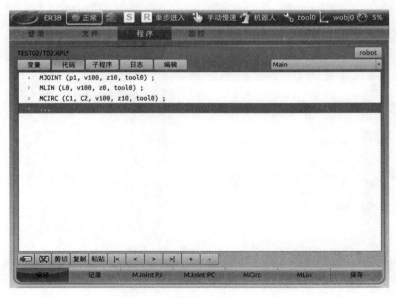

图 3-4-23

## 六、自我评价

项目完成后按下表进行自我评价。

| | |
|---|---|
| 安全生产 | |
| 实验操作 | |
| 团队合作 | |
| 清洁素养 | |

## 七、评分表

按下表各项内容进行打分，并对项目完成情况进行总结。

| 配 分 项 目 | 配 分 | 得 分 |
|---|---|---|
| 安全防范 | 10 | |
| 知识准备与实训工具和器材 | 10 | |
| 实训步骤 | 70 | |
| 自我评价 | 10 | |
| 合 计 | 100 | |

工具坐标系标定

## 一、教学目标

### 1. 知识

(1) 了解工具坐标系在工业机器人应用中的作用；

(2) 了解工具坐标系标定方法；

(3) 理解工具坐标系标定的计算方式及其含义。

### 2. 技能

(1) 掌握如何使用各种方法标定工具坐标系；

(2) 检查工具坐标系的方向标定是否符合要求。

### 3. 过程与方法

能根据实训指导书的要求，采取小组合作的方式完成工具坐标系的标定任务；在小组合作过程中，能合理安排工作过程，分配工作任务，注重安全规范；能总结并展示工具坐标系标定工作的收获与体验。

## 二、学习内容与时间安排

工具坐标系标定学习要求如表 3-5-1 所示。

表 3-5-1 工具坐标系标定学习要求

| 学 习 要 求 | 时间 / min |
|---|---|
| 按照实训步骤进行 "6 点法" 工具坐标系的标定 | 80 |
| 在操作实训结束后，积极参加小组讨论，探讨实训操作过程中遇到的问题，并执行 5S 管理规定 | 10 |

## 三、安全警示

我已认真阅读机器人操作安全规范，并预习了工具坐标系标定项目，针对

该项目的特点我认为在安全防范上应注意以下几点：（不少于3条）

_____

_____

_____

_____

_____

签名：_____

## 四、知识准备与实训工具和器材

### 1. 知识准备

机器人工具坐标系的标定是在机器人应用中，为了准确执行特定任务，将机器人的工具（如机械臂上的夹具、末端执行器等）与机器人本身的坐标系进行关联和校准的过程。通过标定，可以确保机器人准确地执行各种操作，如拾取、放置、加工等。

机器人工具坐标系标定的一般步骤如下：

(1) 确定工具位置：将工具放置在机器人末端，并确保它与机器人的末端执行器（如末端夹爪、工具头等）正确连接。

(2) 示教运动：操作人员通过手动控制机器人或使用特定的示教器件，让机器人执行一系列动作，包括移动、旋转、抓取等。这些动作应该能够覆盖工作空间中的不同位置和姿态。

(3) 记录示教数据：在示教过程中，机器人会记录每个动作的关键数据，包括位置、姿态、速度等信息。这些数据将用于后续的工具坐标系计算。

(4) 计算工具坐标系：基于示教数据，通过数学计算或特定的校准程序，确定工具相对于机器人基座或机器人本体的坐标系关系。这通常涉及坐标系的转换和变换矩阵的计算。

(5) 验证和调整：完成坐标系计算后，需要进行验证和调整，确保工具坐标系的准确性和稳定性。这可能包括进行额外的示教动作，并检查工具在工作空间中的表现是否符合预期。

(6) 保存参数：一旦确认工具坐标系的准确性，需要将相关参数保存到机器人控制系统中，以便机器人在执行任务时准确地使用工具坐标系。

机器人工具坐标系标定是机器人应用中非常重要的一环，它直接影响到机器人在实际操作中的准确性和稳定性。通过合适的示教和校准，可以确保机器人能够高效、精确地完成各种任务，提高生产效率和质量。

2. 实训工具和器材

实训工具和器材如表 3-5-2 所示。

表 3-5-2　实训工具和器材

| 序号 | 名　称 | 数量 | 规格型号 |
| --- | --- | --- | --- |
| 1 | 机器人本体及控制柜 | 1 | ER3-600 |
| 2 | TCP 标定工具 | 1 | 圆锥教具 |

3. 工具坐标系标定方法

埃夫特 ER3-600 机器人用于标定工具坐标系的方法有"3 点法""4 点法"和"6 点法"，其中最常用的两种方法是"4 点法"和"6 点法"。

"4 点法"只能用于确定工具末端 ( 中心 ) 点 (TCP)。使用"4 点法"时，用待测工具的末端点从 4 个任意不同的方向靠近同一个参照点。参照点可以任意选择，但必须为同一个固定不变的参照点。机器人控制器从 4 个不同的法兰位置 P1～P4 计算出 TCP 位置。机器人从 TCP 点运动到参考点的 4 个法兰位置必须分散开足够的距离，才能使计算出来的 TCP 位置精确。

注意：使用"4 点法"只能确定 TCP 点相对于机器人末端法兰安装面的位置偏移值，当用户需要确定工具姿态分量时，要额外再使用"3 点法"，或者直接使用"6 点法"。

采用"3 点法"来确定工具姿态时，这 3 个位置点只能用笛卡尔空间下的移动运动来示教。即只能在机器人坐标系 (KCS)、关节坐标系 (ACS)、用户坐标系 (UCS) 或工具坐标系 (TCS) 下，沿 X 轴、Y 轴、Z 轴的移动运动来示教，而不能用绕 X 轴、Y 轴、Z 轴的转动运动来示教。系统也不能用关节坐标系 (ACS) 下的单个关节转动来示教，更不能用有任何姿态的转动运动来示教，否则，系统不能计算出工具坐标系的姿态分量，并给出错误警告。

用"3 点法"示教并计算 TCS 的姿态分量时，需要记录 3 个位置点，即 P4 点、P5 点、P6 点。此外，用户还需要选择示教点所在的平面，如选择 XY 平面，即用示教 P4 点和 P5 点来确定 TCS 的 X 轴的方向，P6 点在 TCS 的 XY 平面的 Y 轴正方向一侧。由于"3 点法"只确定 TCS 的姿态分量，所以示教的 XY 平面只要求平行于 TCS 的 XY 平面即可，并不要求一定在 TCS 的 XY 平面上，P4 点是 XY 示教平面 X 轴上的一点，并不要求必须是 TCS 点 (TCS 的原点 )，P5 点和 P6 点也是如此。

　　"6 点法"实际是上述"4 点法"和"3 点法"两种示教方法的综合。"4 点法"需要示教 P1～P4 共 4 个点，"3 点法"需要示教 P4～P6 共 3 个点。"4 点法"与"3 点法"的组合总共需要示教 7 个数据点，才能最终确定工具的位置分量和姿态分量。将"4 点法"中的 P4 点和"3 点法"中的 P4 点重合示教为同一个 P4 点，就形成了"6 点法"。采用"6 点法"时，由于 P4 点是 TCS 的点，如果采用 XY(YZ 或 ZX) 平面示教，则 XY(YZ 或 ZX) 平面必须是 TCS 的 XY(YZ 或 ZX) 平面，而不能是与 XY(YZ 或 ZX) 平面平行的平面，所以 P5 点必须是 TCS 的 X(Y 或 Z) 轴正方向上的一个位置点，P6 点必须是 TCS 的 XY(YZ 或 ZX) 平面上 Y(Z 或 X) 轴正方向上的一点。同时需要注意的是，采用"6 点法"来示教 TCS 时，P4～P6 这 3 个位置点的姿态必须在 KCS 下保持一致，位置点 P5 和 P6 只能用笛卡尔空间的平移运动来示教，不能用有任何姿态的转动运动来示教。因此，"6 点法"需要示教 P1～P6 共 6 个点，P1～P4 这 4 个点参照"4 点法"示教，P5、P6 两个点参照"3 点法"示教。

## 五、实训步骤

### 1. 工具坐标系的创建

(1) 见图 3-5-1，单击■■■按钮，进入菜单页。

图 3-5-1

(2) 见图 3-5-2，选择"工具坐标系"，进入坐标系设置界面。

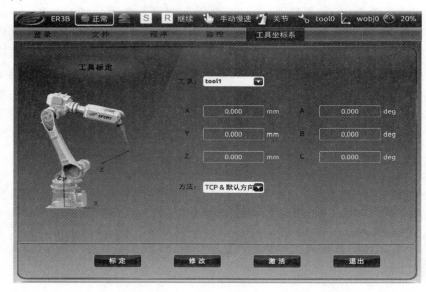

图 3-5-2

(3) 见图 3-5-3，选择想要标定的工具坐标系号。

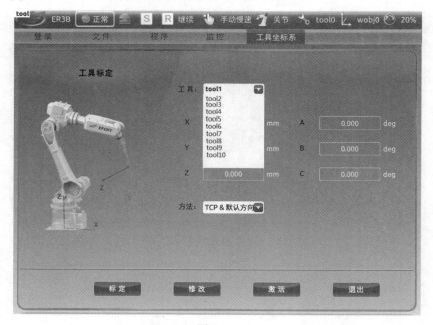

图 3-5-3

(4) 见图 3-5-4，选择标定坐标系使用的方法。

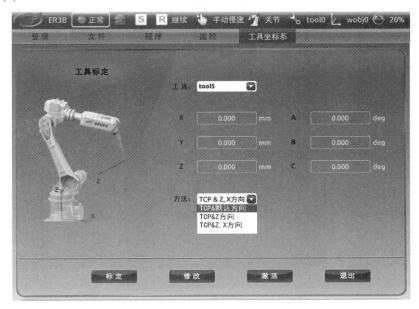

图 3-5-4

(5) 见图 3-5-5，单击图中的"标定"按钮，进入具体标定界面。

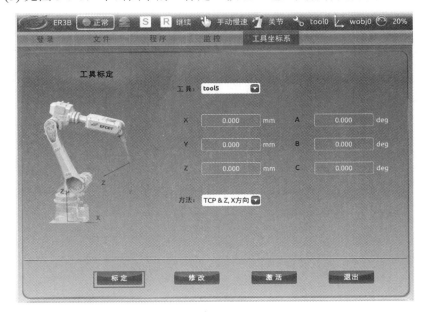

图 3-5-5

(6) 见图 3-5-6，将机器人调整好姿态。

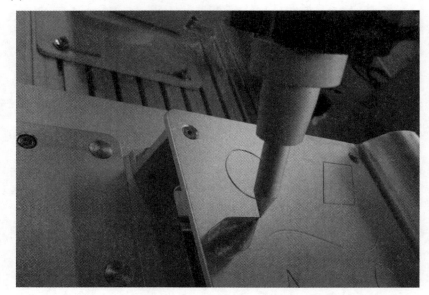

图 3-5-6

(7) 见图 3-5-7，单击图中的"示教"按钮，完成第一个点的记录。

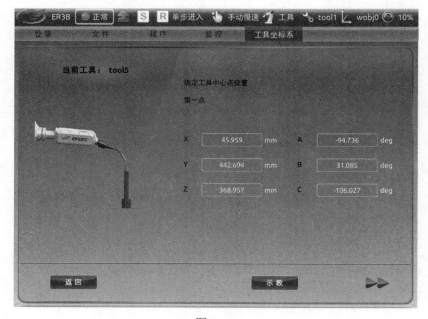

图 3-5-7

(8) 见图 3-5-8，将机器人换个姿态。

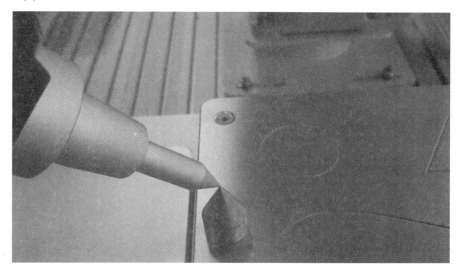

图 3-5-8

(9) 见图 3-5-9，单击图中的"示教"按钮，完成第二个点的记录。

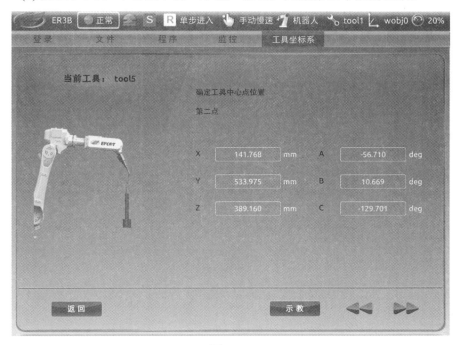

图 3-5-9

(10) 见图 3-5-10，将机器人再换个姿态。

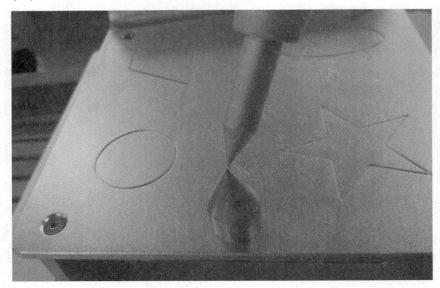

图 3-5-10

(11) 见图 3-5-11，单击图中的"示教"按钮，完成第三个点的记录。

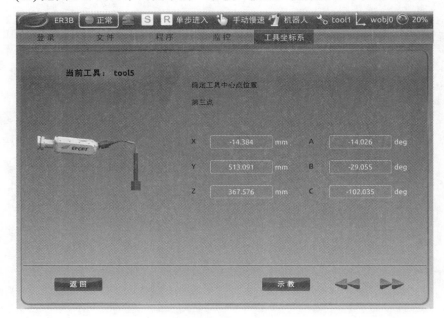

图 3-5-11

(12) 见图 3-5-12，将机器人再更换至第四个姿态。

图 3-5-12

(13) 见图 3-5-13，单击图中的"示教"按钮，完成第四个点的记录。

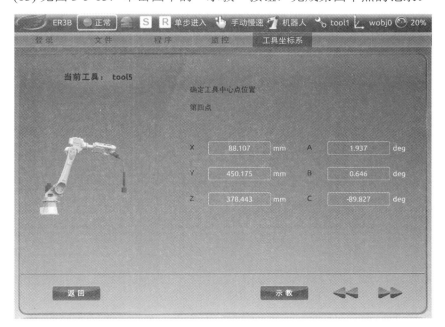

图 3-5-13

(14) 见图 3-5-14，在第四个点姿态的基础上，将机器人向定义的 Z 方向正方向移动一段距离。

图 3-5-14

(15) 见图 3-5-15，单击图中的"示教"按钮，完成 Z 方向点的记录。

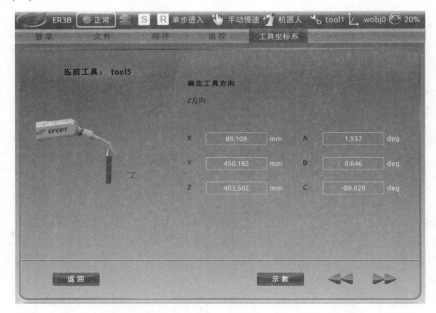

图 3-5-15

(16) 见图 3-5-16，在上一个点姿态的基础上，将机器人向定义的 X 方向正方向移动一段距离。

图 3-5-16

(17) 见图 3-5-17，单击图中的"示教"按钮，完成 X 方向点的记录。

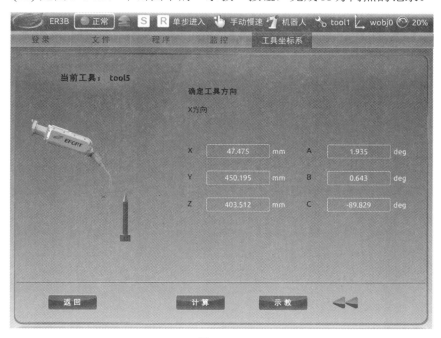

图 3-5-17

(18) 见图 3-5-18，示教完成后单击"计算"按钮，完成坐标系计算，然后单击"保存"按钮保存标定结果。

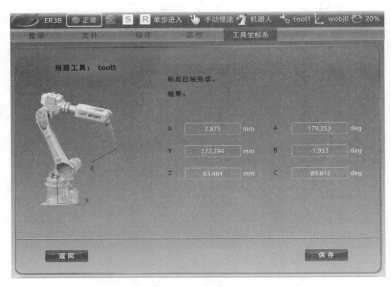

图 3-5-18

## 2. 工具坐标系的修改

(1) 见图 3-5-19，手动修改工具坐标系。先单击"工具坐标系"进入修改界面，再单击"修改"按钮，进入编辑界面。

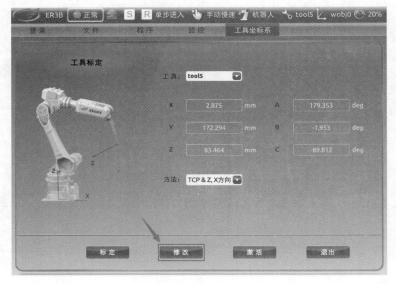

图 3-5-19

(2) 见图 3-5-20，在工具编辑界面输入参数并保存。在白色的编辑框中输入工具坐标系的数值，单击"保存"按钮。

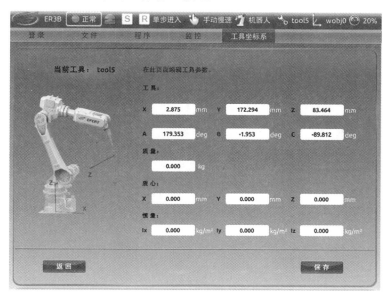

图 3-5-20

### 3. 工具坐标系的检验

(1) 见图 3-5-21，单击工具标定设置界面中的"激活"按钮。

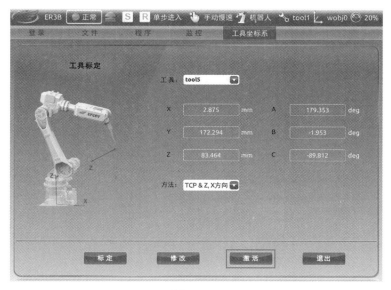

图 3-5-21

(2) 见图 3-5-22，在弹出的"激活确认"界面中选择"是"。

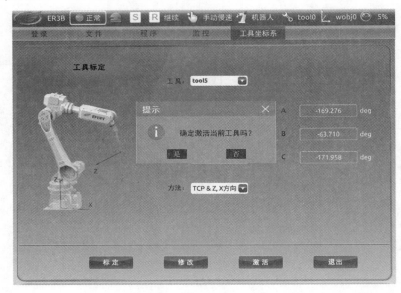

图 3-5-22

(3) 见图 3-5-23，坐标系成功激活，图中框选处会显示当前使用的坐标系编号。

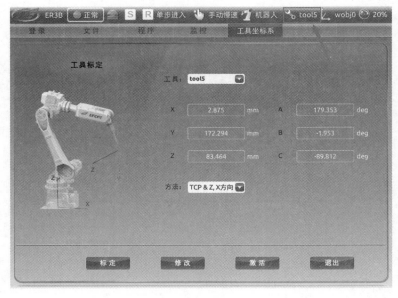

图 3-5-23

(4) 切换坐标系为"工具坐标系",分别检查 X、Y、Z 方向是否和示教预设方向一致。A、B、C 检查 TCP 点是否正确。

操作要点:

(1) 使用"6 点法"标定时,前 4 个位置点应该足够分散,以保证可以计算出精确的工具坐标系。

(2) 在机器人运行过程中,保存和激活的操作是不允许的。

(3) 如果在校验过程中发现 TCP 点偏差较大,需重新标定。

## 六、自我评价

项目完成后按下表进行自我评价。

| | |
|---|---|
| 安全生产 | |
| 实验操作 | |
| 团队合作 | |
| 清洁素养 | |

## 七、评分表

按下表各项内容进行打分,并对项目完成情况进行总结。

| 配 分 项 目 | 配 分 | 得 分 |
|---|---|---|
| 安全防范 | 10 | |
| 知识准备与实训工具和器材 | 10 | |
| 实训步骤 | 70 | |
| 自我评价 | 10 | |
| 合 计 | 100 | |

# 项目 6 用户坐标系标定

用户坐标系标定

## 一、教学目标

### 1. 知识

(1) 了解用户坐标系的标定方法；

(2) 了解用户坐标系在实际应用中的作用。

### 2. 技能

掌握用"3 点法"标定用户坐标系。

### 3. 过程与方法

能根据实训指导书的要求，采取小组合作的方式完成机器人"3 点法"用户坐标系标定任务；在小组合作过程中，能合理安排工作过程，分配工作任务，注重安全规范；能总结并展示"3 点法"用户坐标系标定工作的收获与体验。

## 二、学习内容与时间安排

用户坐标系标定学习要求如表 3-6-1 所示。

表 3-6-1　用户坐标系标定学习要求

| 学　习　要　求 | 时间 / min |
| --- | --- |
| 按照工序要求进行"3 点法"用户坐标系的标定 | 80 |
| 在操作实训结束后，积极参加小组讨论，探讨实训操作过程中遇到的问题，并执行 5S 管理规定 | 10 |

## 三、安全警示

我已认真阅读机器人操作安全规范，并预习了用户坐标系标定项目，针对该项目的特点我认为在安全防范上应注意以下几点：（不少于 3 条）

_____

_____

签名：＿＿＿＿＿＿＿＿

## 四、知识准备与实训工具和器材

### 1. 知识准备

机器人用户坐标系标定是指确定机器人工作空间中的用户坐标系的过程。在机器人应用中，用户坐标系通常是与特定任务或应用相关联的坐标系，如某个工件的坐标系或者某个特定设备的坐标系。进行用户坐标系标定的目的是使机器人能够准确地执行任务，并与其他设备或工件进行正确的交互。

机器人用户坐标系标定的一般步骤如下：

(1) 定义用户坐标系：首先需要明确定义用户坐标系，确定其原点、方向和轴向，以及与机器人基座或其他参考物体之间的关系。

(2) 选择标定目标：选择用于标定的目标物体或特征点，这些目标通常具有已知的几何特征或位置信息，以便机器人能够通过感知设备进行检测和识别。

(3) 采集数据：让机器人通过其感知系统采集标定目标的数据，例如使用视觉传感器获取目标物体的位置和姿态信息，或者使用其他传感器获取目标物体的位置信息。

(4) 计算坐标系变换：基于采集到的数据，计算机器人用户坐标系与实际标定目标之间的变换关系，包括平移、旋转和缩放等变换参数。

(5) 标定验证：进行标定结果的验证和调整，确保机器人在用户坐标系下的运动和操作符合预期，并且能够准确地与其他设备或工件进行交互。

机器人用户坐标系标定在工业自动化、机器人操作、物流搬运等领域都有广泛的应用。通过准确的用户坐标系标定，可以提高机器人系统的精度和可靠性，从而更好地满足各种任务的需求。

### 2. 实训工具和器材

实训工具和器材如表 3-6-2 所示。

表 3-6-2　实训工具和器材

| 序号 | 名　称 | 数量 | 规格型号 |
|------|--------|------|----------|
| 1 | 机器人本体及控制柜 | 1 | ER3-600 |
| 2 | 机器人综合实训平台 | 1 | APSX-E01/APSX-A02 |

## 五、实训步骤

### 1. 用户坐标系的创建

(1) 见图 3-6-1，单击 按钮，进入菜单页。选择"用户坐标系"，进入坐标系设置界面。

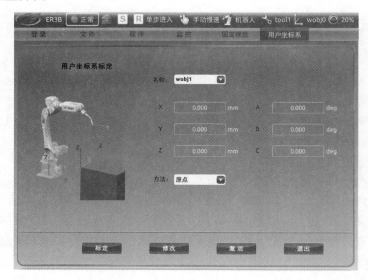

图 3-6-1

(2) 见图 3-6-2，选择即将使用的坐标系名称。

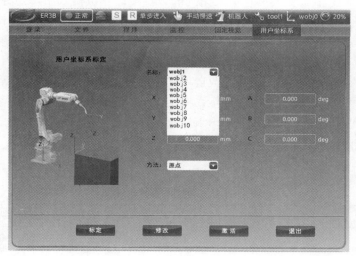

图 3-6-2

(3) 见图 3-6-3，选择使用的标定方法，此处以"有原点"方法为例。

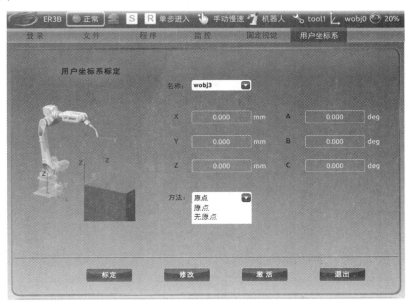

图 3-6-3

(4) 见图 3-6-4，在单击"示教"按钮后，进入标定界面，开始标定"第一点"。

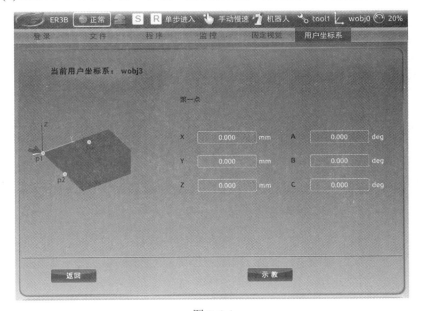

图 3-6-4

（5）见图 3-6-5，移动机器人至所需用户坐标系的原点位置。

图 3-6-5

（6）见图 3-6-6，单击"示教"按钮，将当前机器人位置记录。

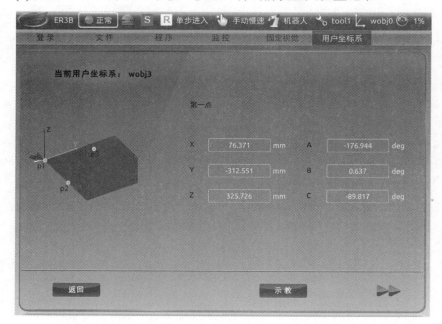

图 3-6-6

(7) 见图 3-6-7，移动机器人至想要定义的用户坐标系的 X 轴正方向上。

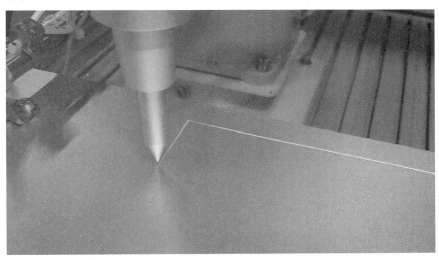

图 3-6-7

(8) 见图 3-6-8，单击"示教"按钮，将当前机器人位置记录。

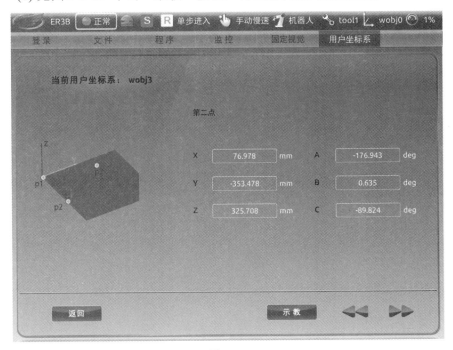

图 3-6-8

(9) 见图 3-6-9，移动机器人至想要定义的用户坐标系的 Y 轴正方向上。

图 3-6-9

(10) 见图 3-6-10，单击"示教"按钮，将当前机器人位置记录。单击"计算"按钮，完成坐标系数据计算。

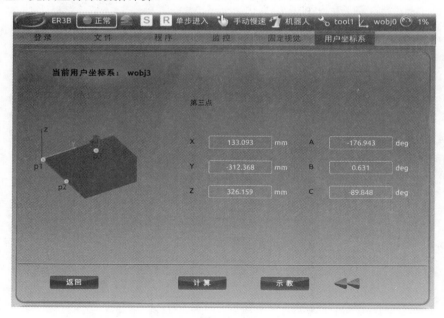

图 3-6-10

(11) 见图 3-6-11，单击"保存"按钮，保存坐标系数据。

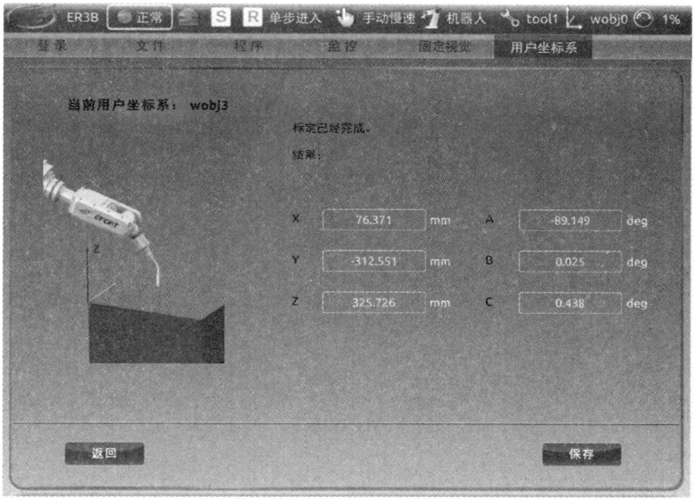

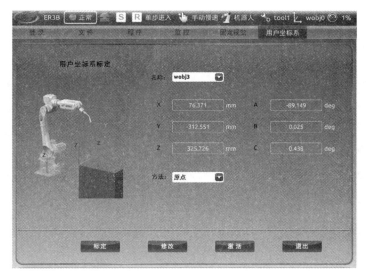

图 3-6-11

(12) 见图 3-6-12，单击"返回"按钮，返回至坐标系标定初始界面。

图 3-6-12

## 2. 用户坐标系的修改

(1) 见图 3-6-13，在桌面单击"用户坐标系"的图标，进入用户坐标系标定的设置界面。选择需要输入的用户坐标系名称，单击"修改"按钮进入修改界面。

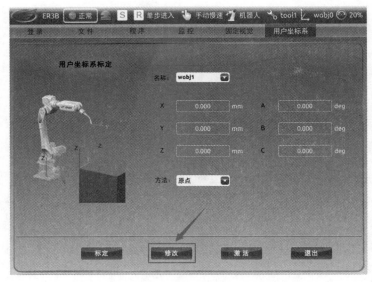

图 3-6-13

(2) 见图 3-6-14，在用户坐标系编辑界面输入参数并保存。在白色的编辑框中输入工具坐标系的数值，单击"保存"按钮，将当前计算结果保存到指定的工具中。单击"返回"按钮，结束编辑，返回设置界面。

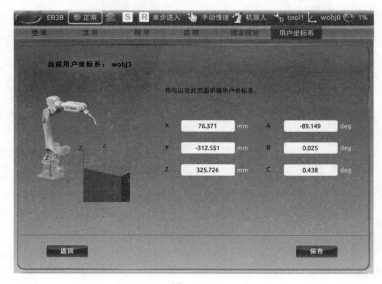

图 3-6-14

3. 用户坐标系的检验

(1) 见图 3-6-15，单击"激活"按钮，将当前使用的坐标系切换为标定的坐标系。

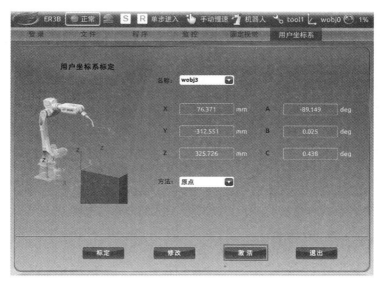

图 3-6-15

(2) 见图 3-6-16，图中框选处显示的是当前使用的用户坐标系。

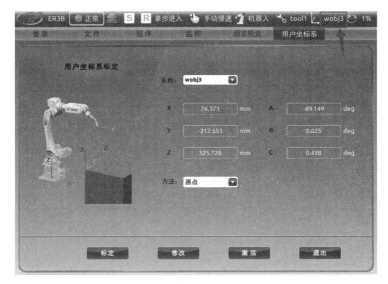

图 3-6-16

(3) 切换机器人坐标系为"用户坐标系"，手动操作机器人进行 X、Y、Z 方向运动，检查运动方向是否正确。

## 六、自我评价

项目完成后按下表进行自我评价。

| | |
|---|---|
| 安全生产 | |
| 实验操作 | |
| 团队合作 | |
| 清洁素养 | |

## 七、评分表

按下表各项内容进行打分，并对项目完成情况进行总结。

| 配 分 项 目 | 配 分 | 得 分 |
|---|---|---|
| 安全防范 | 10 | |
| 知识准备与实训工具和器材 | 10 | |
| 实训步骤 | 70 | |
| 自我评价 | 10 | |
| 合计 | 100 | |

项目 7 零点标定

零点标定

## 一、教学目标

### 1. 知识

(1) 了解机器人位姿的定义及其零点标定的原理；

(2) 理解零点是机器人判断自身位置的基准；

(3) 掌握需要重新标定零点的情况；

(4) 掌握工具坐标标定和用户坐标标定的基本原理。

### 2. 技能

(1) 掌握手动运行机器人各轴至零点标定位置的步骤；

(2) 掌握零点标定的软件设置方法；

(3) 能检测和测试机器人位姿。

### 3. 过程与方法

能根据实训指导书的要求，采取小组合作的方式完成机器人零点标定工作；在小组合作过程中，能合理安排工作过程，分配工作任务，注重安全规范；能总结操控机器人的收获与体验。

## 二、学习内容与时间安排

零点标定学习要求如表 3-7-1 所示。

表 3-7-1 零点标定学习要求

| 学 习 要 求 | 时间 / min |
|---|---|
| 掌握机械零点校对方法 | 40 |
| 掌握零点标定软件设置方法 | 40 |
| 在操作实训结束后，积极参加小组讨论，探讨实训操作过程中遇到的问题，并执行 5S 管理规定 | 10 |

## 三、安全警示

我已认真阅读机器人操作安全规范，并预习了零点标定项目，针对该项目的特点我认为在安全防范上应注意以下几点：（不少于 3 条）

_____

_____

_____

_____

_____

签名：_____

## 四、知识准备与实训工具和器材

### 1. 知识准备

零点是机器人坐标系的基准，通常将各轴"0"脉冲的位置称为零点位置，此时的姿态称为零点位置姿态，也就是机器人回零时的终止位置。若没有零点，机器人就没有办法判断自身的位置。零点标定的作用是让机器人的机械信息与位置信息同步。埃夫特 ER3A-C60 机器人的零点标定界面主要用于标定机器人各个关节运动的零点。该界面会显示机器人各个关节零位标定状况，已完成标定的关节显示为绿色，当所有关节都完成标定后，全部指示灯点亮。用户可以选定一个或多个关节，并单击"记录零点"按钮来记录当前编码器数据作为零点数据（注意要长按该按钮 2～3 s)。只有当所有关节的零点数据都完成标定时，机器人才能全功能运动，否则，机器人只能做关节点动运动。

机器人零点标定是在机器人系统中确定机器人各个关节或执行器的零点位置的过程。零点位置是机器人运动的起始点，确定了机器人关节或执行器的初始状态，通常是其位置、姿态或其他参数的零值。进行零点标定可以确保机器人在执行任务时从正确的初始位置开始，并且可以准确地控制其运动。

机器人零点标定的一般步骤如下：

(1) 准备工作：在进行零点标定之前，需要确保机器人系统处于安全状态，并且已经进行了必要的校准和检查。关闭机器人的电源并确保其处于静止状态。

(2) 选择标定方法：根据机器人系统的具体结构和控制方式，选择合适的零点标定方法。常见的标定方法包括机械位置标定、编码器零点标定、视觉标定等。

(3) 执行标定程序：根据选择的标定方法，执行相应的标定程序。这可能涉及手动移动机器人关节到预定的零点位置，或者通过控制命令使机器人执行特定的标定动作。

(4) 采集数据：在标定过程中，使用传感器或测量工具采集机器人各个关节或执行器的位置、姿态或其他参数的数据。这些数据将用于后续的零点位置计算和校准。

(5) 计算零点位置：基于采集到的数据，计算机器人各个关节或执行器的零点位置。这可能涉及数据处理和分析，以确定各个关节或执行器的零点偏移量或修正量。

(6) 验证和调整：完成零点位置计算后，进行验证和调整，确保机器人在零点位置时能够准确地执行预期的动作。这可能需要进行额外的校准或调整，以确保零点位置的准确性和稳定性。

(7) 保存参数：一旦确认零点位置的准确性，将相关参数保存到机器人控制系统中，以便机器人在执行任务时能够正确地使用零点位置信息。

机器人零点标定是机器人系统维护和调整中的重要步骤，它可以确保机器人在运行时具有准确的起始位置和状态，从而提高其运动控制的精度和稳定性。

机器人零点标定是将机器人位置与绝对编码器对照。对于没有零点标定的机器人，不能示教和回放操作；对于多台机器人系统，每台机器人都必须做零点位置校准。工业机器人的零点标定一般是在出厂前完成的，但在以下情况要对零点重新标定：

(1) 电机、绝对编码器更换。

(2) 超越机械极限位置，如机器人塌架。

(3) 与工件或周边环境发生碰撞，造成零点偏移。

(4) 整个硬盘系统重新安装，或内存数据被删除。

(5) 其他任何可能造成零点丢失的情况，均要重新标定机器人零点。

### 2. 实训工具和器材

实训工具和器材如表 3-7-2 所示。

表 3-7-2　实训工具和器材

| 序号 | 名　称 | 数量 | 规格型号 |
|---|---|---|---|
| 1 | 机器人实训台 | 1 | APR-JYT-101 |
| 2 | 圆柱销 | 1 | Φ6 |
| 3 | 零标块 | 2 | 无 |
| 4 | 螺栓 | 2 | M5×10 |
| 5 | 螺栓 | 2 | M4×10 |

## 五、实训步骤

### 1. 权限获取

见图 3-7-1，单击左上方"登录"按钮打开权限登录界面，输入登录密码，再单击"登录"，获取操作权限。成功获取权限后，箭头④处显示为当前的权限。

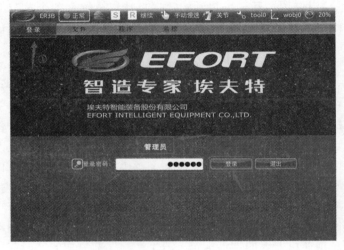

图 3-7-1

### 2. 零点标定

(1) 见图 3-7-2，单击"监控"选择"驱动器"选项，进入驱动器监控界面。

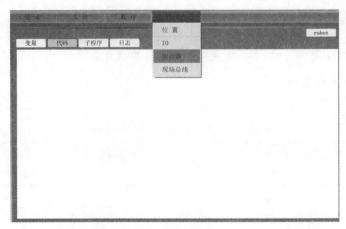

图 3-7-2

(2) 见图 3-7-3，在驱动器监控界面权限管理处输入此项密码：1975( 该密码为埃夫特机器人出厂默认设置，用户无法更改 )，单击"进入"，获取零点标定权限。

图 3-7-3

(3) 见图 3-7-4，将需要零点标定的轴清零，然后将机器人各轴移动至各轴机械零位置刻度处。

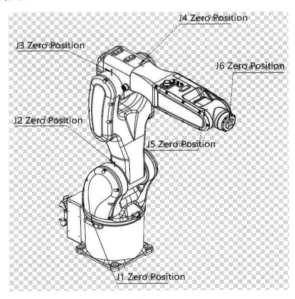

图 3-7-4

（4）见图 3-7-5，各轴移动至零刻度线位置处后，单击各轴对应的"轴 1～6 编码器重置"按钮，进行机器人零点位置的记录。

图 3-7-5

3. 零点标定结果的验证

（1）见图 3-7-6，新建一个程序，单击"MJOINT PJ"插入一条指令。

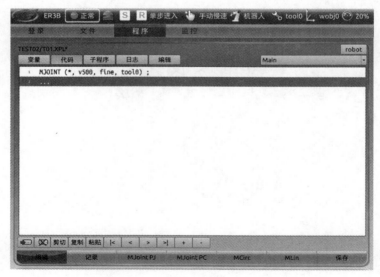

图 3-7-6

(2) 见图 3-7-7，单击"编辑"进入此条指令编辑界面。将位置数据全部改为 0，单击"确认"按钮，返回至程序运行界面。

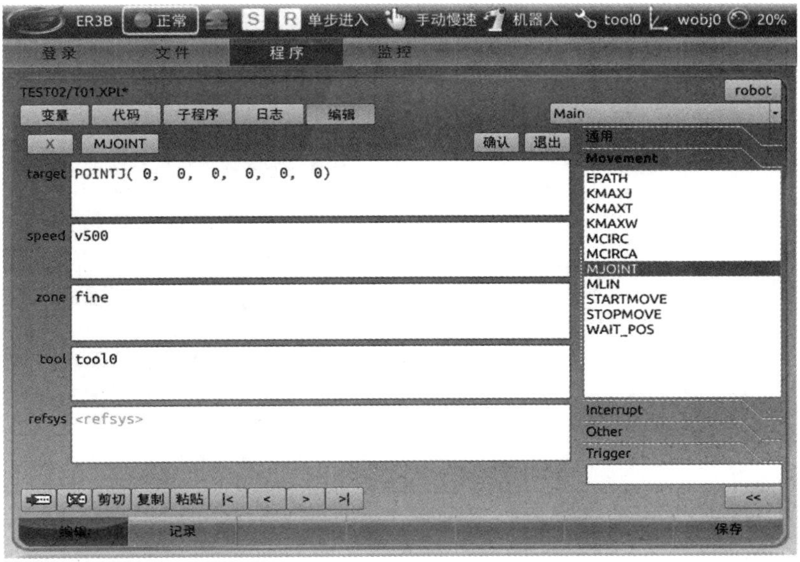

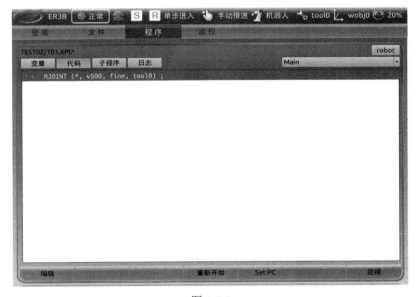

图 3-7-7

(3) 见图 3-7-8，执行此条指令，等待运行完毕，核对各轴零点位置是否正确。

图 3-7-8

(4) 见图 3-7-9，打开位置"监控"界面，观察关节坐标系下各轴数据是否为 0。

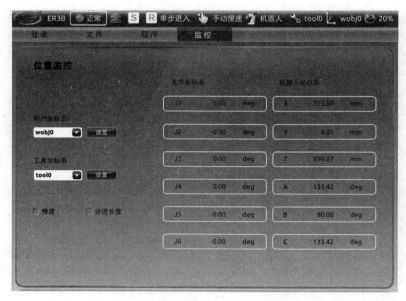

图 3-7-9

(5) 机器人各轴正确标零后姿态如图 3-7-10 所示。

图 3-7-10

操作要点：

(1) J3 轴零点标定前，先将大臂外壳保护罩去掉，然后将圆柱销插入零标孔中，待重新标定完成后，再将大臂外壳保护罩安装到机器人上。

(2) J6 轴零点标定前，应先将 6 轴两个零标块装入至 6 轴位置，将装在腕部的零标块用 M5×10 螺栓和 Φ6 圆柱销固定，将装在手腕连接体上的零标块用 M4×10 的螺栓固定，即可进行零点标定。

(3) 只有选定轴的零点数据会被刷新，未选定轴的零点数据不会被刷新。

## 六、自我评价

项目完成后按下表进行自我评价。

| | |
|---|---|
| 安全生产 | |
| 实验操作 | |
| 团队合作 | |
| 清洁素养 | |

## 七、评分表

按下表各项内容进行打分，并对项目完成情况进行总结。

| 配 分 项 目 | 配 分 | 得 分 |
|---|---|---|
| 安全防范 | 10 | |
| 知识准备与实训工具和器材 | 10 | |
| 实训步骤 | 70 | |
| 自我评价 | 10 | |
| 合计 | 100 | |

基础与写字训练

# 项目 8　基础与写字训练

## 一、教学目标

### 1. 知识

(1) 具备为运动类型 MJOINT、MLIN 和 MCIRC 指令编程的基础知识；

(2) 具备有关运动轨迹逼近方面的理论知识。

### 2. 技能

(1) 学会建立工具坐标系和用户坐标系；

(2) 为含有运动类型 MJOINT、MLIN 和 MCIRC 的运动编制简单的程序；

(3) 为含有精确停止点和轨迹逼近的运动编程。

### 3. 过程与方法

能根据实训指导书的要求，采取小组合作的方式完成基础与写字训练项目中机器人程序的编写任务；在小组合作过程中，能合理安排工作过程，分配工作任务，注重安全规范；能总结并展示整个工作过程中得到的收获与体验。

## 二、学习内容与时间安排

基础与写字训练可分为沿轨迹运行和轨迹逼近两部分。沿轨迹运行和轨迹逼近学习要求如表 3-8-1 所示。

表 3-8-1　沿轨迹运行和轨迹逼近学习要求

| 学　习　要　求 | 时间 / min |
| --- | --- |
| 工具坐标系标定 | 20 |
| 用户坐标系标定 | 20 |
| 沿基础轨迹运行程序的编写 | 20 |
| 写字图案轨迹程序的编写 | 20 |
| 在操作实训结束后，积极参加小组讨论，探讨实训操作过程中遇到的问题，并执行 5S 管理规定 | 10 |

## 三、安全警示

我已认真阅读机器人操作安全规范，并预习了轨迹运行与轨迹逼近训练项目，针对该项目的特点我认为在安全防范上应注意以下几点：(不少于 3 条)

_____

_____

_____

_____

_____

签名： _____

## 四、知识准备与实训工具和器材

### 1. 知识准备

机器人沿轨迹运行和轨迹逼近是指机器人根据预先设定的路径或轨迹进行移动或接近目标位置的技术。沿轨迹运行是根据不同图形来确定机器人最终的运行轨迹，轨迹逼近为机器人接近目标位置时的路径规划。这种技术在自动化、导航和机器人控制领域中具有重要意义，它使机器人能够按照规划的路径或轨迹完成任务，如物料搬运、自动化收割以及服务机器人的导航等。

在机器人沿轨迹运行和轨迹逼近中，通常涉及以下几个方面的技术：

(1) 路径规划：机器人需要根据环境和任务的要求规划最佳路径或轨迹，以确保安全、高效地到达目标位置。路径规划可以基于静态地图或动态传感器数据进行。

(2) 轨迹跟踪：一旦路径规划完成，机器人需要实时跟踪轨迹，保持在规划路径或轨迹上运动，这可能涉及控制算法和传感器融合技术。

(3) 传感器：为了实现准确的轨迹跟踪，机器人通常会搭载各种传感器，如激光雷达、摄像头、惯性导航系统等，以获取环境信息和自身状态，并作出相应调整。

(4) 动态障碍物避让：在运行过程中，机器人可能会遇到动态障碍物，如行人、车辆等，需要实时感知并采取避让策略，以确保安全、顺利地完成任务。

(5) 精确定位：要实现轨迹运行或轨迹逼近，机器人需要具备精确的定位能力，以确定自身位置和姿态，并据此进行路径规划和轨迹跟踪。

机器人沿轨迹运行和轨迹逼近技术的应用领域十分广泛，随着传感技术、人工智能和控制算法的不断进步，这些技术将会越来越成熟和普及，为各行业带来更多的便利和效率的提升。

2. 实训工具和器材

实训工具和器材如表 3-8-2 所示。

表 3-8-2　实训工具和器材

| 序号 | 名　称 | 数量 | 规格型号 |
| --- | --- | --- | --- |
| 1 | 机器人本体及控制柜 | 1 | ER3-600 |
| 2 | 机器人综合实训平台 | 1 | APSX-E01/APSX-A02 |

## 五、实训步骤

1. 创建程序

(1) 见图 3-8-1，创建项目主程序。

图 3-8-1

(2) 见图 3-8-2，创建项目中需要使用的子程序。

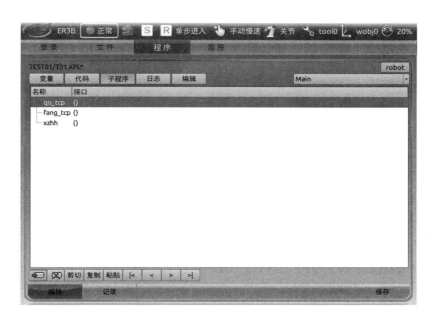

图 3-8-2

2. 程序编写

(1) 见图 3-8-3，新建一个位置型变量 P0 作为工作原点。

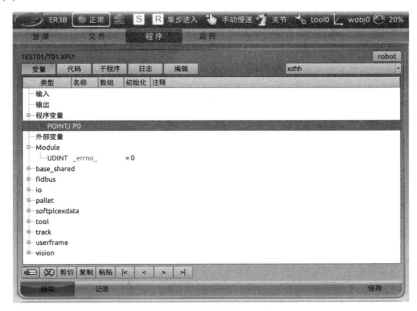

图 3-8-3

(2) 见图 3-8-4，示教该点位置。

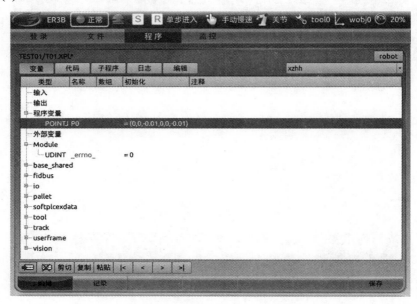

图 3-8-4

(3) 见图 3-8-5，添加该点移动指令。

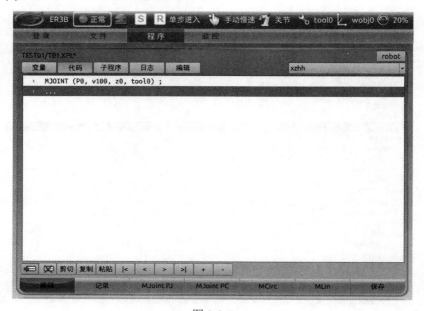

图 3-8-5

(4) 见图 3-8-6，编写夹爪初始化打开程序。复位夹爪关闭信号，置位夹爪打开信号。

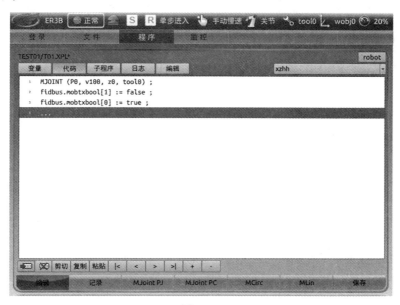

图 3-8-6

(5) 见图 3-8-7，调用机器人 qu_tcp 工具子程序。

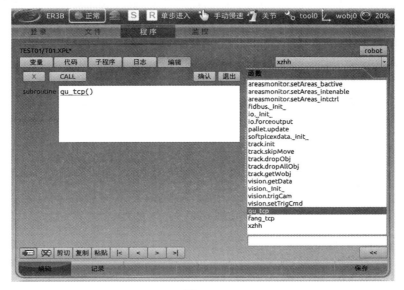

图 3-8-7

(6) 见图 3-8-8，编写机器人 qu_tcp 工具子程序。

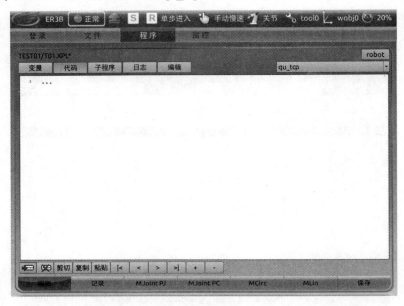

图 3-8-8

(7) 见图 3-8-9，编写机器人运动至夹 qu_tcp 工具位置。

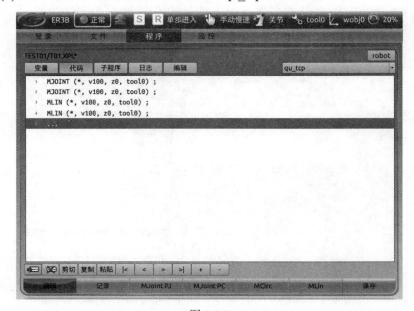

图 3-8-9

(8) 见图 3-8-10，控制机器人夹爪夹取。复位夹爪打开信号，置位夹爪关闭信号。

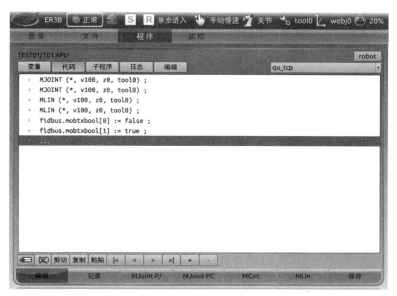

图 3-8-10

(9) 见图 3-8-11，延时 1.5 s。

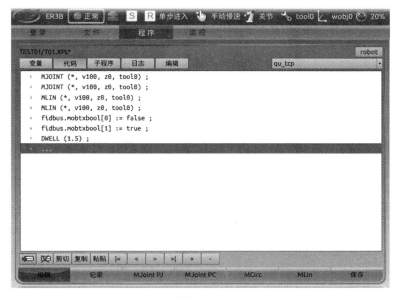

图 3-8-11

(10) 见图 3-8-12，夹取完成后，依次移动机器人返回至正上方点、前方点、中间过渡点。

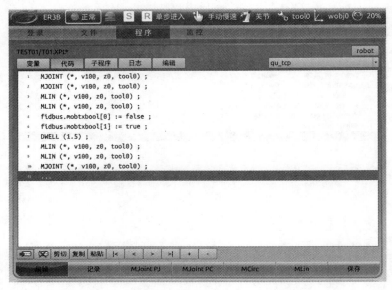

图 3-8-12

(11) 见图 3-8-13，编写 qu_tcp 工具子程序。

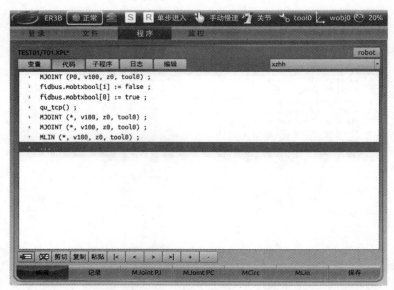

图 3-8-13

(12) 见图 3-8-14，此处以平行四边形、圆形、曲面三角形为例详细介绍轨迹程序编写过程。各部分使用点位编号如图所示。

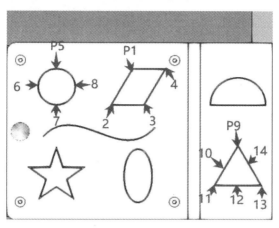

图 3-8-14

(13) 见图 3-8-15，平行四边形轨迹程序编写。先运动至轨迹起始点 P1。

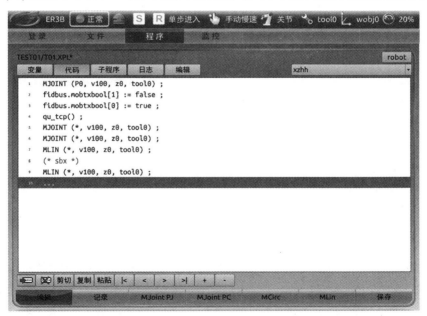

图 3-8-15

(14) 见图 3-8-16，依次添加 P1 至 P2 段、P2 至 P3 段、P3 至 P4 段、P4 至 P1 段轨迹程序。

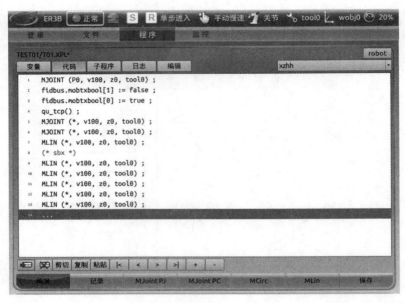

图 3-8-16

(15) 见图 3-8-17，移动至 P1 点正上方位置。

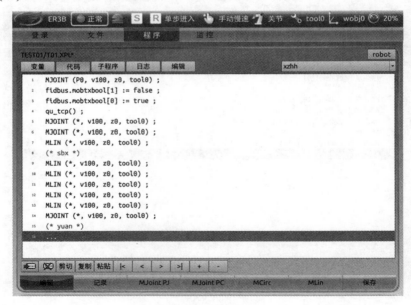

图 3-8-17

(16) 见图 3-8-18，圆形轨迹程序编写。从其他位置经圆起始点上方运动至圆形轨迹起始点 P5。

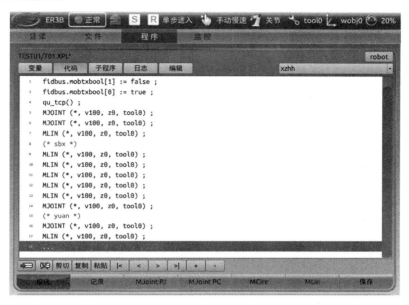

图 3-8-18

(17) 见图 3-8-19，添加 P5-P6-P7 段圆弧轨迹程序。

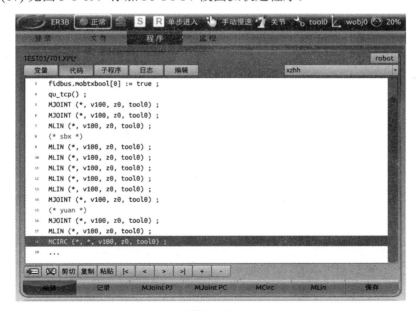

图 3-8-19

(18) 见图 3-8-20，同理，添加 P7-P8-P5 段圆弧轨迹程序。

图 3-8-20

(19) 见图 3-8-21，返回至起始点上方位置。

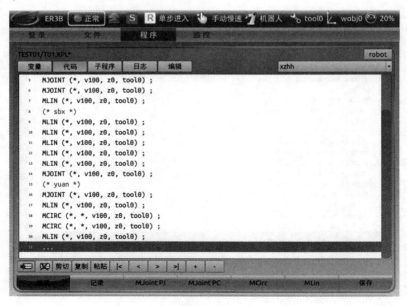

图 3-8-21

(20) 见图 3-8-22，曲面三角形轨迹程序编写。从其他位置经三角形起始点上方运动至三角形轨迹起始点 P9。

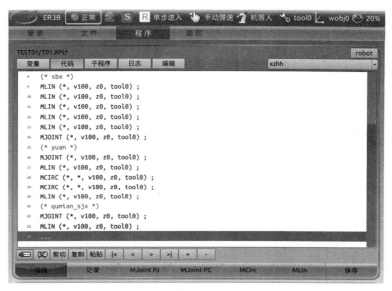

图 3-8-22

(21) 见图 3-8-23，添加 P9-P10-P11 段圆弧轨迹程序。

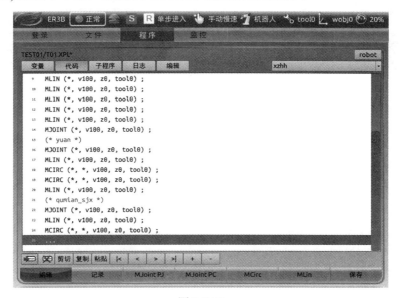

图 3-8-23

(22) 见图 3-8-24，添加 P11-P12-P13 段圆弧轨迹程序。

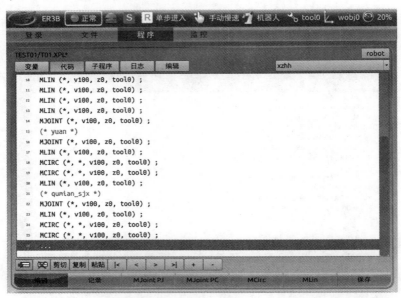

图 3-8-24

(23) 见图 3-8-25，添加 P13-P14-P9 段圆弧轨迹程序。

图 3-8-25

(24) 见图 3-8-26，返回至起始点上方位置。

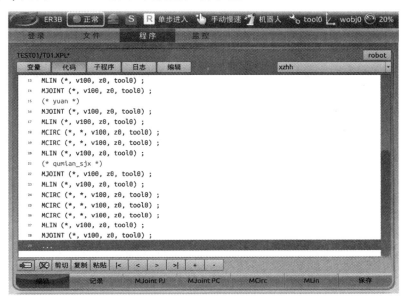

图 3-8-26

(25) 见图 3-8-27，调用 fang_tcp 工具子程序。

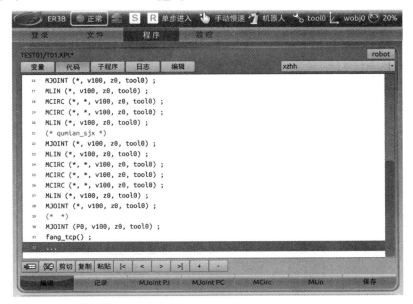

图 3-8-27

(26) 见图 3-8-28，编写 fang_tcp 工具子程序。此处动作顺序与取过程相反，不再作详细叙述。

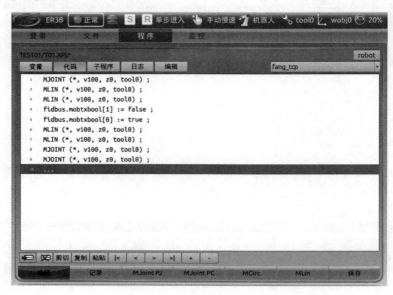

图 3-8-28

(27) 见图 3-8-29，编写信号复位程序。

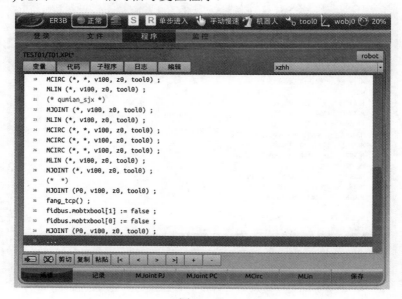

图 3-8-29

3. 程序执行

保存程序，选中主程序第一行，然后单击"SET PC"。在示教器上按压"三段开关"按钮，再按右上方的绿色"启动"按钮执行程序。

操作要点：

相同编程语句也可以使用"复制""粘贴"的方法。

## 六、自我评价

项目完成后按下表进行自我评价。

| | |
|---|---|
| 安全生产 | |
| 实验操作 | |
| 团队合作 | |
| 清洁素养 | |

## 七、评分表

按下表各项内容进行打分，并对项目完成情况进行总结。

| 配 分 项 目 | 配 分 | 得 分 |
|---|---|---|
| 安全防范 | 10 | |
| 知识准备与实训工具和器材 | 10 | |
| 实训步骤 | 70 | |
| 自我评价 | 10 | |
| 合计 | 100 | |

传送搬运训练

## 一、教学目标

### 1. 知识

(1) 了解搬运项目的实际应用；

(2) 理解 I/O 指令 DOUT 和控制指令 TIMER 的含义；

(3) 了解机器人与外围设备的通信方法；

(4) 理解过渡点建立的必要性；

(5) 熟悉机器人姿态的调整。

### 2. 技能

(1) 了解 I/O 指令的类型；

(2) 掌握机器人 I/O 指令的使用方法；

(3) 能正确编写搬运程序。

### 3. 过程与方法

能根据实训指导书的要求，采取小组合作的方式完成机器人传送搬运训练项目；在小组合作过程中，能合理安排工作过程，分配工作任务，注重安全规范；能总结并展示操作机器人的收获与体验。

## 二、学习内容与时间安排

传送搬运训练学习要求如表 3-9-1 所示。

表 3-9-1 传送搬运训练学习要求

| 学 习 要 求 | 时间 / min |
| --- | --- |
| 了解工艺流程 | 20 |
| 按照实训步骤操作，编写机器人程序 | 60 |
| 在操作实训结束后，积极参加小组讨论，探讨实训操作过程中遇到的问题，并执行 5S 管理规定 | 10 |

## 三、安全警示

我已认真阅读机器人操作安全规范，并预习了传送搬运训练项目，针对该项目的特点我认为在安全防范上应注意以下几点：（不少于 3 条）

_____

_____

_____

_____

_____

签名：_____

## 四、知识准备与实训工具和器材

### 1. 知识准备

机器人传送搬运是利用机器人技术来完成物品或货物的传送和搬运任务的一种应用。这种技术通常涉及机器人在物流、仓储、生产线等领域中的应用，以提高物流效率、降低成本并提高操作精度。

在机器人传送搬运中，通常会涉及以下几个方面的技术：

(1) 自动化搬运：机器人被编程以执行物品或货物的搬运任务，如将货物从一个位置搬运到另一个位置，或将物品从生产线上移动到指定的位置。

(2) 导航与路径规划：机器人需要具备导航和路径规划的能力，以确定最佳路径并避开障碍物，以确保安全和高效的搬运过程。

(3) 搬运手段：机器人传送搬运可以采用不同的搬运手段，如轮式机器人、AGV（自动导引车）、机械臂等，具体选择取决于搬运物品的特性和环境的要求。

(4) 物品识别与分类：在搬运过程中，机器人可能需要识别和分类不同类型的物品，以便进行正确的搬运和放置。

(5) 系统集成与优化：机器人传送搬运系统通常需要与其他系统（如仓储管理系统、生产计划系统等）集成，以实现整个物流流程的优化和协调。

机器人传送搬运技术的应用领域广泛，包括仓储物流、生产制造、医疗保健等。随着物流业的发展和自动化水平的提高，机器人传送搬运技术将会越来越普遍，并且将继续推动物流行业的进步和发展。

　　机器人在执行搬运工作时，主要任务是移动机械手以及抓取和释放工件。通过设置程序点和定义各个点之间的轨迹来完成机械手的移动轨迹规划。在关节坐标下，程序点由机器人每个关节的转角位置来定义。指示机器人在程序点之间采取何种轨迹移动的命令称为插补方式。确定插补方式后，再由位置数据和再现速度定义移动参数。

　　2. 实训工具和器材

　　实训工具和器材如表 3-9-2 所示。

表 3-9-2　实训工具和器材

| 序号 | 名　称 | 数量 | 规格型号 |
|---|---|---|---|
| 1 | 机器人本体及控制柜 | 1 | ER3-600 |
| 2 | 机器人综合实训平台 | 1 | APSX-E01/APSX-A02 |

## 五、实训步骤

　　1. 取吸盘相关子程序创建与编写

　　(1) 见图 3-9-1，创建项目中需要使用的子程序。

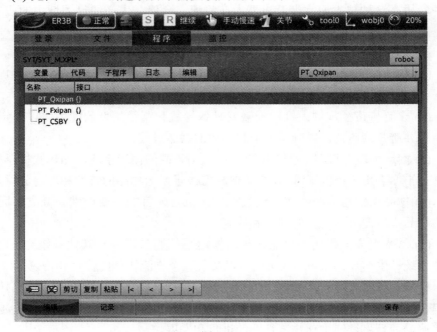

图 3-9-1

(2) 见图 3-9-2，添加子程序初始位置点。

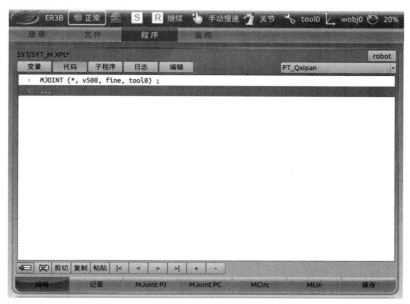

图 3-9-2

(3) 见图 3-9-3，编写程序控制机器人运动至取吸盘位置点。

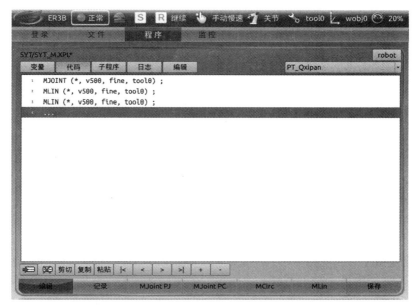

图 3-9-3

(4) 见图 3-9-4，控制夹爪闭合，夹取吸盘工具。

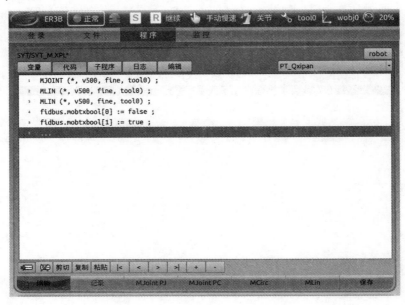

图 3-9-4

(5) 见图 3-9-5，延时 1.5 s。

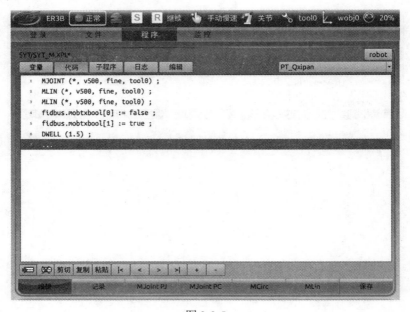

图 3-9-5

(6) 见图 3-9-6，先返回至取吸盘位置正上方，再返回至子程序起始位置。

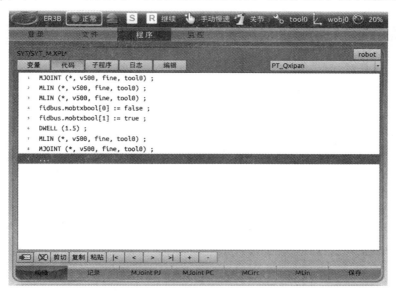

图 3-9-6

## 2. 传送搬运主程序编写

(1) 见图 3-9-7，调用取吸盘子程序。

图 3-9-7

(2) 见图 3-9-8，控制机器人移动至传送带附近等待位置。

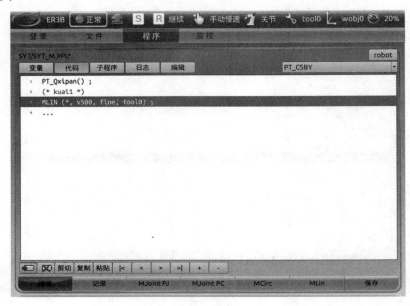

图 3-9-8

(3) 见图 3-9-9，发出上料机构上料信号。

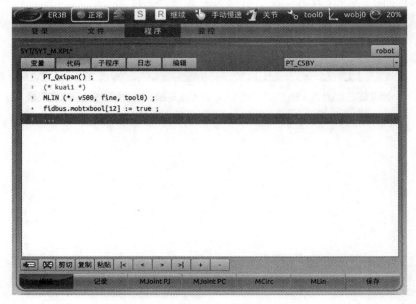

图 3-9-9

(4) 见图 3-9-10，等待上料机构上料完成后将物块移动至固定位置。

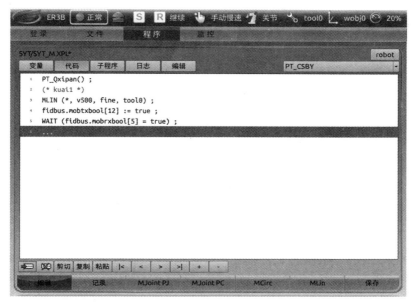

图 3-9-10

(5) 见图 3-9-11，复位机器人发出上料机构上料信号。

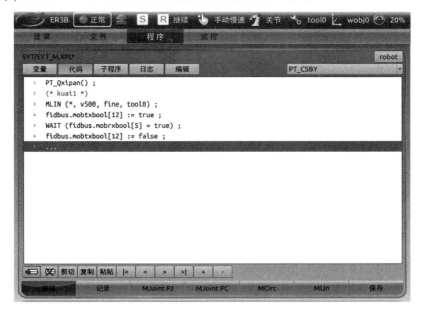

图 3-9-11

(6) 见图 3-9-12，运动至物料抓取点。

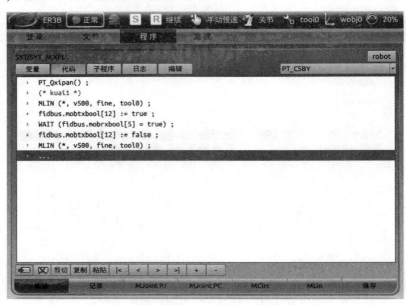

图 3-9-12

(7) 见图 3-9-13，控制吸盘抓取。

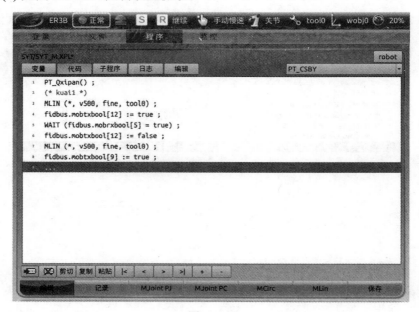

图 3-9-13

(8) 见图 3-9-14,延时 1.5 s。

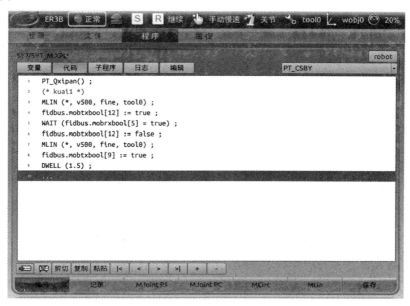

图 3-9-14

(9) 见图 3-9-15,控制机器人将吸取的物块移动至指定存放位置。

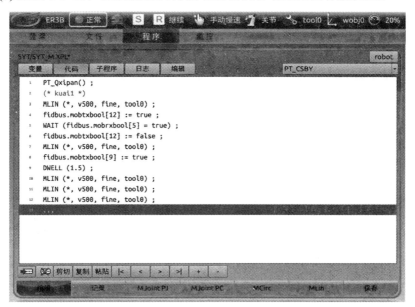

图 3-9-15

(10) 见图 3-9-16，控制吸盘松开，放置物块。

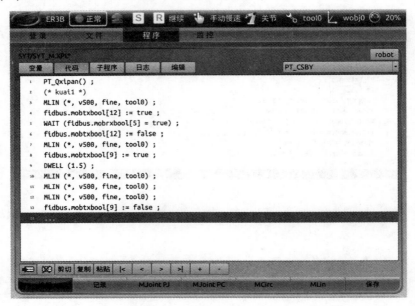

图 3-9-16

(11) 见图 3-9-17，延时 1.5 s。

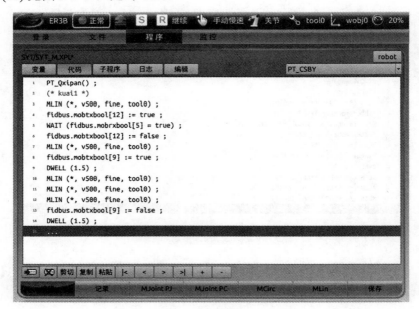

图 3-9-17

(12) 见图 3-9-18，返回至放置物块上方。

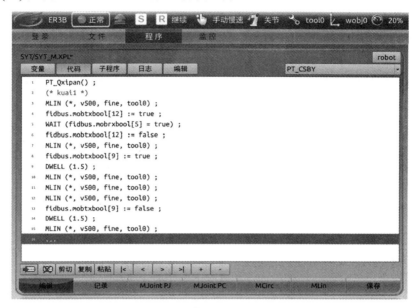

图 3-9-18

(13) 见图 3-9-19，调用放吸盘子程序。

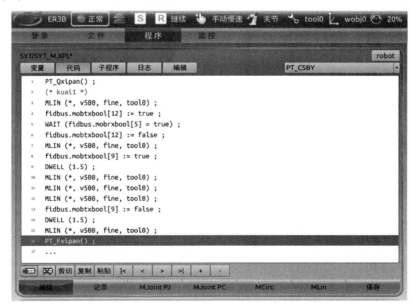

图 3-9-19

3. 放吸盘相关子程序创建与编写

(1) 见图 3-9-20，插入放吸盘子程序初始位置。

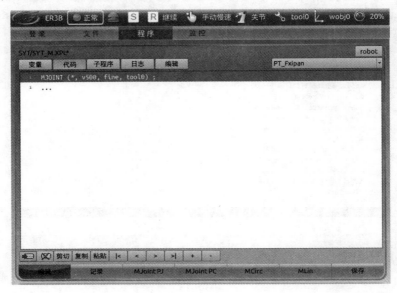

图 3-9-20

(2) 见图 3-9-21，按顺序移动机器人至放吸盘位置点。

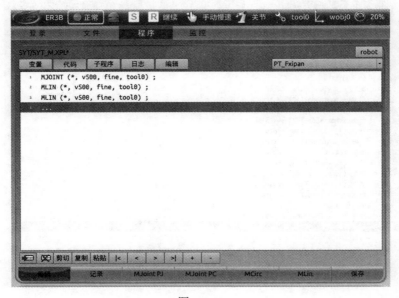

图 3-9-21

(3) 见图 3-9-22，控制夹爪松开吸盘工具。

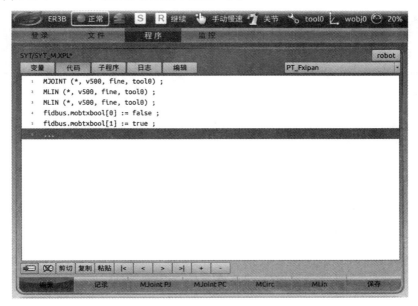

图 3-9-22

(4) 见图 3-9-23，延时 1.5 s。

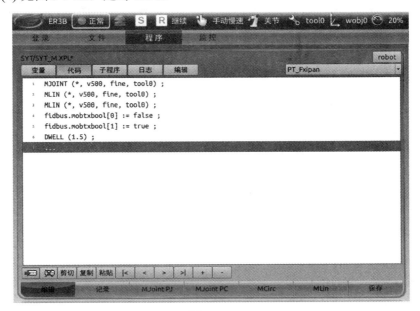

图 3-9-23

(5) 见图 3-9-24，返回至放吸盘子程序初始位置。

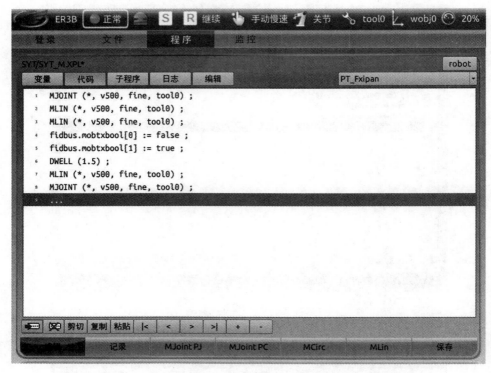

图 3-9-24

操作要点：

(1) 工作原点即工作开始点。

(2) 如果直接运行到目的点的路径上有障碍物，需加入一个或多个过渡点，绕开障碍物。

## 六、自我评价

项目完成后按下表进行自我评价。

| 安全生产 | |
|---|---|
| 实验操作 | |
| 团队合作 | |
| 清洁素养 | |

## 七、评分表

按下表各项内容进行打分，并对项目完成情况进行总结。

| 配 分 项 目 | 配 分 | 得 分 |
|---|---|---|
| 安全防范 | 10 | |
| 知识准备与实训工具和器材 | 10 | |
| 实训步骤 | 70 | |
| 自我评价 | 10 | |
| 合计 | 100 | |

模拟装配训练

## 一、教学目标

### 1. 知识

(1) 了解模拟装配项目的实际应用；

(2) 了解 RFID 的使用方法；

(3) 理解过渡点建立的必要性；

(4) 掌握常用的机器人程序指令规范。

### 2. 技能

(1) 掌握装配过程常用指令以及判断语句的使用；

(2) 掌握模拟装配程序的编写与调试。

### 3. 过程与方法

能根据实训指导书的要求，采取小组合作的方式完成机器人模拟装配训练项目；在小组合作过程中，能合理安排工作过程，分配工作任务，注重安全规范；能总结并展示操作机器人的收获与体验。

## 二、学习内容与时间安排

模拟装配训练学习要求如表 3-10-1 所示。

表 3-10-1　模拟装配训练学习要求

| 学 习 要 求 | 时间 / min |
| --- | --- |
| 了解模拟装配工艺流程 | 20 |
| 按照实训步骤操作，编写机器人程序 | 60 |
| 在操作实训结束后，积极参加小组讨论，探讨实训操作过程中遇到的问题，并执行 5S 管理规定 | 10 |

## 三、安全警示

我已认真阅读机器人操作安全规范，并预习了模拟装配训练项目，针对该项目的特点我认为在安全防范上应注意以下几点：( 不少于 3 条 )

_____

_____

_____

_____

_____

签名： _____

## 四、知识准备与实训工具和器材

### 1. 知识准备

机器人装配就是利用机器人技术来完成产品的组装过程。机器人装配技术通常涉及制造过程中的自动化应用，目的是提高生产效率、降低成本并提高产品质量。

在机器人装配中，通常会涉及以下几个方面的技术：

(1) 自动化装配：机器人被程序化以执行特定的装配任务，如将零部件放置到正确的位置、拧紧螺丝、焊接等。

(2) 视觉引导：类似于机器人视觉识别，装配过程中的机器人可能需要利用视觉系统来识别零部件、确认其位置，以便进行精确的装配。

(3) 灵活性和适应性：现代机器人装配系统通常具有灵活性和适应性，能够适应不同尺寸、形状和类型的零部件，并且能够根据生产需求进行快速调整和重新配置。

(4) 协作机器人：协作机器人技术使得机器人能够与人类工作人员共同在同一工作区域内工作，这为装配过程中的某些任务提供了更高的灵活性和效率。

(5) 数据分析与优化：通过收集和分析装配过程中的数据，可以优化生产流程、提高装配效率；可以进行预测性维护，减少设备故障和停机时间。

机器人装配技术的应用领域广泛，包括汽车制造、电子产品制造、航空航天等领域。随着技术的不断进步，机器人在装配领域的应用将会越来越普遍，并且将继续推动着制造业的发展和转型。

2. 实训工具和器材

实训工具和器材如表 3-10-2 所示。

表 3-10-2　实训工具和器材

| 序号 | 名　称 | 数量 | 规格型号 |
|---|---|---|---|
| 1 | 机器人本体及控制柜 | 1 | ER3-600 |
| 2 | 机器人综合实训平台 | 1 | APSX-E01/APSX-A02 |

## 五、实训步骤

### 1. 初始化程序编写

见图 3-10-1，编写初始化程序。打开工具夹爪，打开装配取料夹爪，复位吸盘信号，复位装配上料开始触发信号。

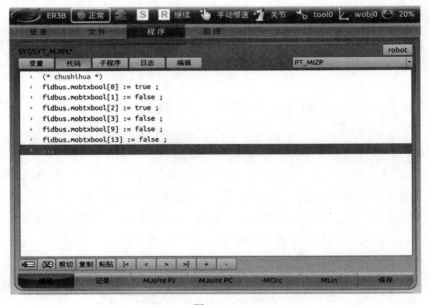

图 3-10-1

### 2. 模拟装配主程序创建与编写

(1) 见图 3-10-2，调用取吸盘子程序。

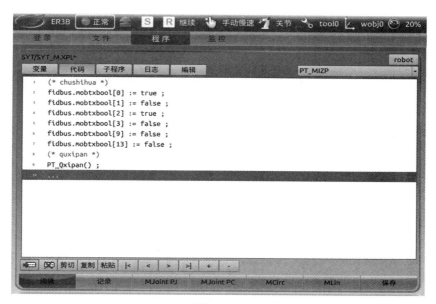

图 3-10-2

(2) 图 3-10-3 所示为装配工作流程示意图，该流程分为 5 个部分：① 吸盘取料；② 上料机构上料以及装配、下料作业；③ 物料中转调整；④ RFID 识别；⑤ 仓储。

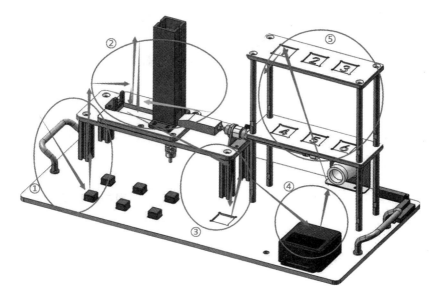

图 3-10-3

(3) 见图 3-10-4，调整机器人姿态，将其移动至取料区域上方过渡位置。

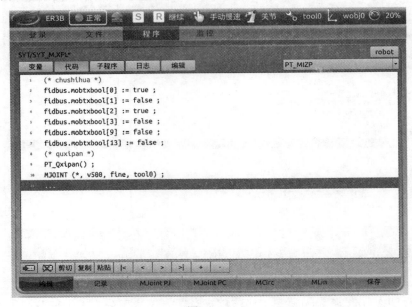

图 3-10-4

(4) 见图 3-10-5，将机器人运动至取物料位置。

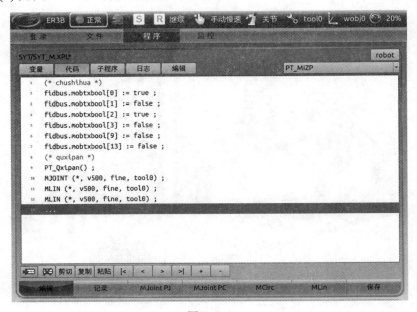

图 3-10-5

(5) 见图 3-10-6，控制吸盘动作，抓取物料并延时 1.5 s。

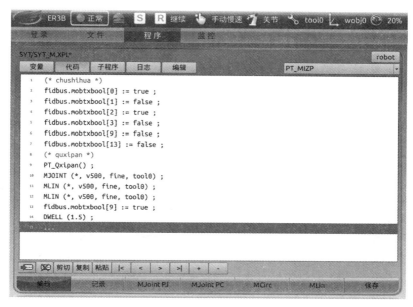

图 3-10-6

(6) 见图 3-10-7，机器人抓取物料移至装配区前方等待位置。

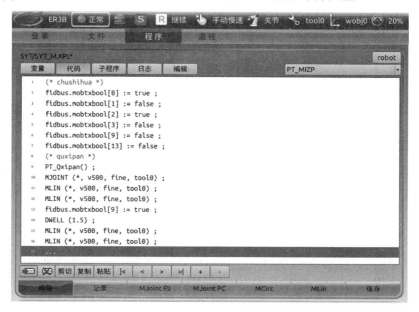

图 3-10-7

(7) 见图 3-10-8，机器人控制上料机构开始上料。

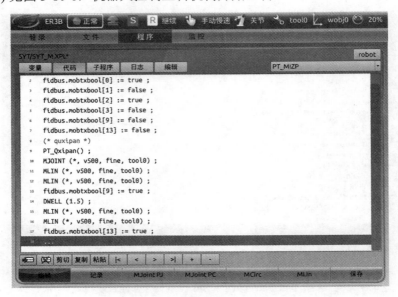

图 3-10-8

(8) 见图 3-10-9，等待上料机构上料完成。

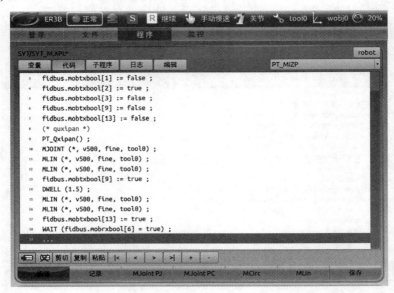

图 3-10-9

(9) 见图 3-10-10，机器人收到上料机构上料完成信号后，复位上料机构开始上料触发信号。

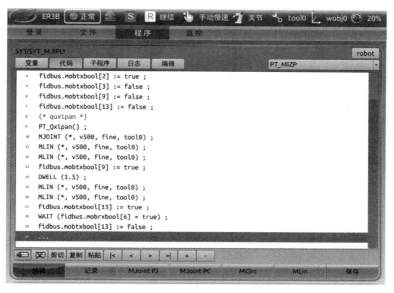

图 3-10-10

(10) 见图 3-10-11，机器人进行装配作业。到达装配位置松开吸盘，完成装配作业。

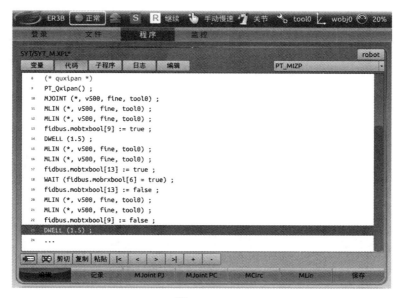

图 3-10-11

(11) 见图 3-10-12，返回至装配区域上方过渡位置。

图 3-10-12

(12) 见图 3-10-13，调整机器人姿态，准备使用取料夹爪抓取装配完成的工件。

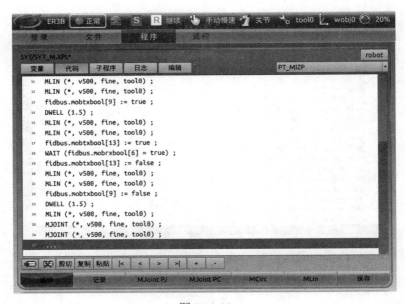

图 3-10-13

(13) 见图 3-10-14，控制机器人运动至取料夹爪取料位置。

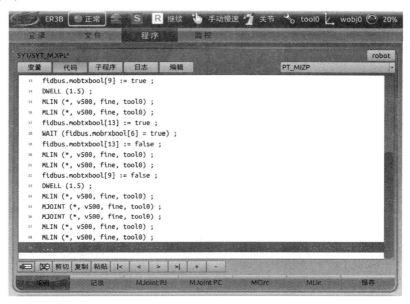

图 3-10-14

(14) 见图 3-10-15，控制取料夹爪闭合，抓取工件。

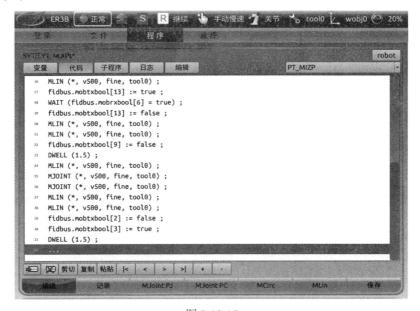

图 3-10-15

(15) 见图 3-10-16，夹取工件返回至装配区域上方位置。

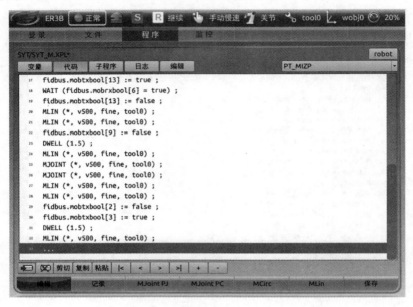

图 3-10-16

(16) 见图 3-10-17，将物料放置在物料装转台处。

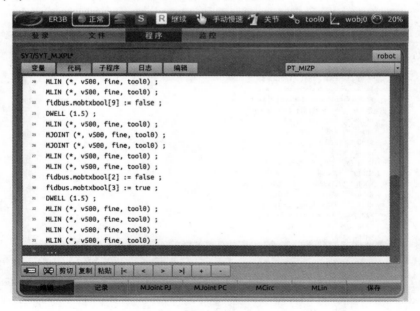

图 3-10-17

(17) 见图 3-10-18，控制取料夹爪打开，放置物料。

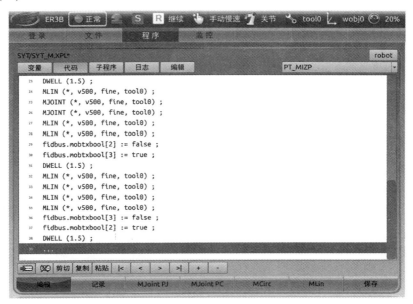

图 3-10-18

(18) 见图 3-10-19，返回至中转台上方位置。

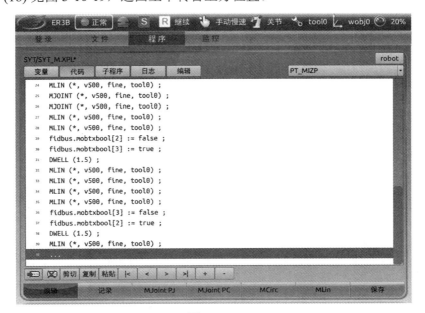

图 3-10-19

(19) 见图 3-10-20，调整机器人取料夹爪姿态，以方便放入仓库位置。

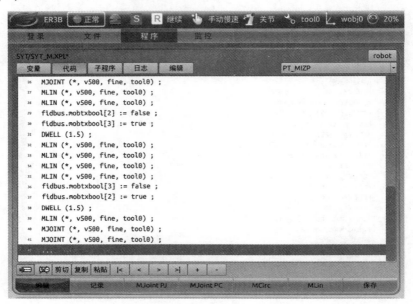

图 3-10-20

(20) 见图 3-10-21，调整好姿态后，控制机器人运动至中转台取料位置。

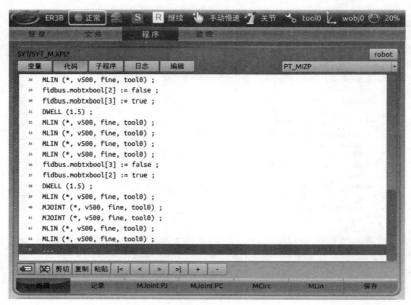

图 3-10-21

(21) 见图 3-10-22，控制取料夹爪关闭，夹取物料。

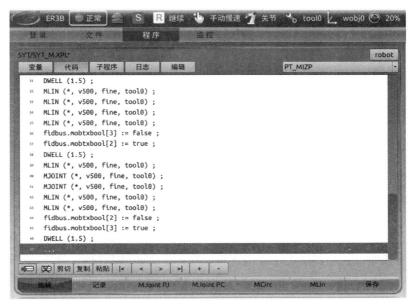

图 3-10-22

(22) 见图 3-10-23，夹取物料运动至中转台上方位置。

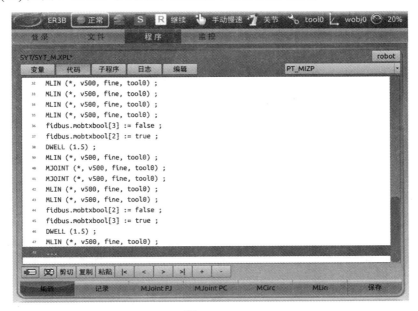

图 3-10-23

(23) 见图 3-10-24，夹取物料运动至 RFID 读卡器上方位置，进行 RFID 识别。

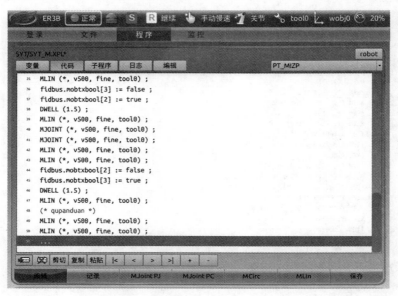

图 3-10-24

(24) 见图 3-10-25，根据识别结果进行判断。fidbus.modrxint[0] 的值代表需要放入仓库的库位号。

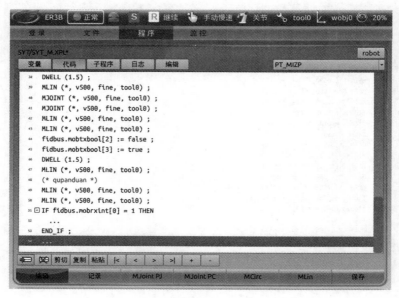

图 3-10-25

(25) 见图 3-10-26，编写 1 号库位物料放置程序。先控制机器人运动至仓库前方位置。

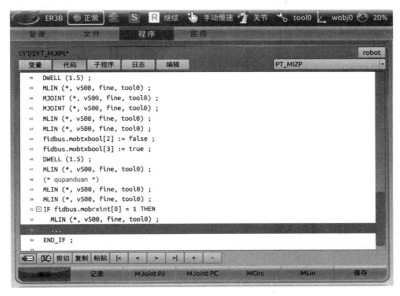

图 3-10-26

(26) 见图 3-10-27，运动至仓库 1 号位放置位置。

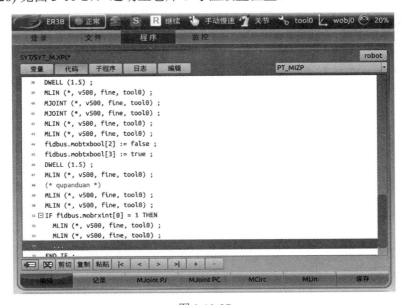

图 3-10-27

(27) 见图 3-10-28，控制取料夹爪打开，放置物料。

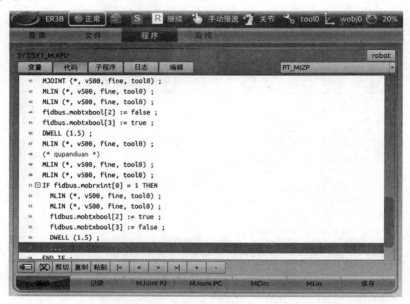

图 3-10-28

(28) 见图 3-10-29，返回至仓库放置点前方位置。

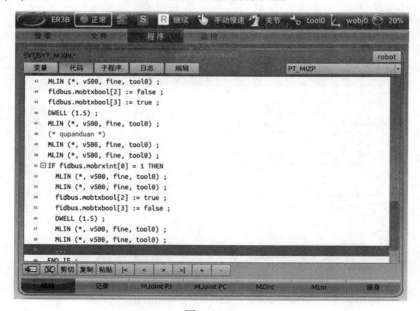

图 3-10-29

(29) 见图 3-10-30，同样，编写 2 号库位物料放置程序。

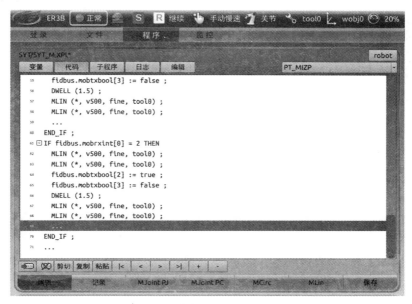

图 3-10-30

(30) 见图 3-10-31，编写 3 号库位物料放置程序。

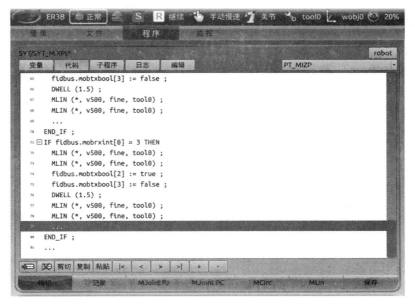

图 3-10-31

(31) 见图 3-10-32，编写 4 号库位物料放置程序。

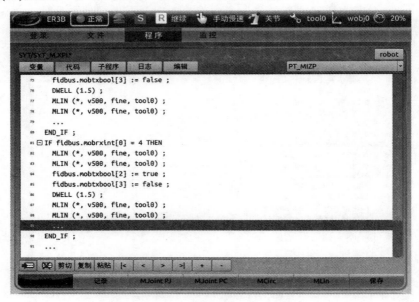

图 3-10-32

(32) 见图 3-10-33，编写 5 号库位物料放置程序。

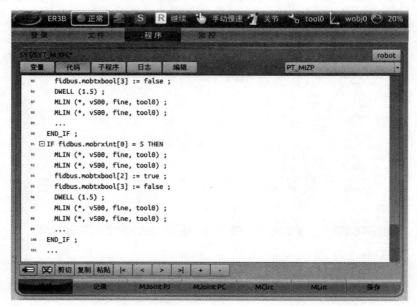

图 3-10-33

(33) 见图 3-10-34，编写 6 号库位物料放置程序。

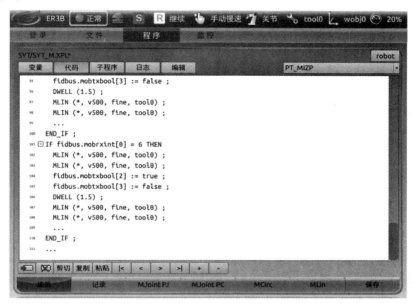

图 3-10-34

(34) 见图 3-10-35，调用吸盘放置程序。

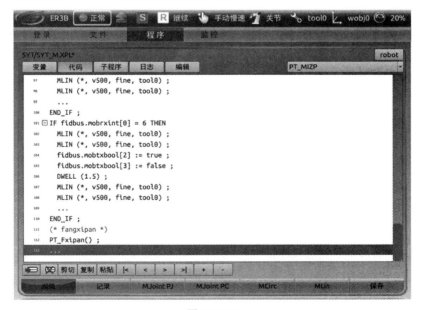

图 3-10-35

操作要点：

(1) 任务规划与工艺设计：在开始装配之前，对装配任务进行规划和设计工艺流程。这包括确定装配的顺序、方法及所需工具，确保整个装配过程顺利进行。

(2) 零部件准备和检查：提前准备好所需的零部件，并进行检查以确保其质量和完整性。有必要时，对零部件进行清洗、润滑或其他预处理工作，以确保装配过程顺利进行。

(3) 机器人程序编写：编写适用于机器人的装配程序，包括运动轨迹规划、夹持和固定动作等。确保程序能够准确地执行装配任务，并考虑安全性和效率性。

(4) 夹具设计与使用：根据需要，设计并使用适当的夹具来辅助装配过程。夹具应该能够稳固地夹持工件，并确保其位置和方向的准确性，以提高装配精度和效率。

(5) 质量控制与检验：在装配过程中，进行质量控制和检验，确保每个装配步骤的质量和准确性。这可能包括使用传感器或视觉系统来检测零部件的位置、尺寸和装配正确性。

(6) 安全考虑与风险管理：在进行装配操作时，始终考虑安全因素，并采取相应的安全措施。这包括机器人工作区域的安全设施、操作人员的培训和防护装备的使用等。

(7) 故障排除与维护：准备好应对装配过程中可能出现的故障情况，并设计相应的排除方案。同时，定期进行机器人的维护保养工作，以确保其正常运行和长期稳定性。

(8) 实时监控与反馈：设计监控系统，能够实时监测装配过程中的关键参数和状态，并及时反馈给操作人员。这有助于及时发现和解决装配过程中的问题，提高效率和质量。

## 六、自我评价

项目完成后按下表进行自我评价。

| 安全生产 | |
|---|---|
| 实验操作 | |
| 团队合作 | |
| 清洁素养 | |

## 七、评分表

按下表各项内容进行打分，并对项目完成情况进行总结。

| 配　分　项　目 | 配　分 | 得　分 |
|---|---|---|
| 安全防范 | 10 | |
| 知识准备与实训工具和器材 | 10 | |
| 实训步骤 | 70 | |
| 自我评价 | 10 | |
| 合计 | 100 | |

 # 项目 11 视觉识别训练

视觉识别训练

## 一、教学目标

### 1. 知识

(1) 了解视觉相机程序的编写方法；
(2) 了解机器人与相机之间通信方法；
(3) 了解视觉相关的指令。

### 2. 技能

(1) 掌握机器人视觉指令的使用方法；
(2) 掌握视觉数据处理的方法。

### 3. 过程与方法

能根据实训指导书的要求，采取小组合作的方式完成机器人视觉识别训练项目；在小组合作过程中，能合理安排工作过程，分配工作任务，注重安全规范；能总结并展示操作机器人的收获与体验。

## 二、学习内容与时间安排

视觉识别训练学习要求如表 3-11-1 所示。

表 3-11-1　视觉识别训练学习要求

| 学 习 要 求 | 时间 / min |
| --- | --- |
| 了解视觉相机的参数设置 | 20 |
| 按照实训步骤操作，编写机器人视觉识别部分程序 | 60 |
| 操作实训结束后，积极参加小组讨论，探讨实训操作过程中遇到的问题，并执行 5S 管理规定 | 10 |

## 三、安全警示

我已认真阅读机器人操作安全规范，并预习了视觉识别训练项目，针对该

项目的特点我认为在安全防范上应注意以下几点：( 不少于 3 条 )

_____

_____

_____

_____

_____

签名： _____

## 四、知识准备与实训工具和器材

### 1. 知识准备

机器人视觉识别是指机器人利用摄像头或其他传感器来获取图像信息，并通过计算机视觉技术来识别和理解这些图像。这项技术在现代机器人领域中起着至关重要的作用，它使机器人能够感知和理解周围环境，从而能够执行各种任务，如自主导航、物体识别、姿态估计、场景理解等。

在机器人视觉识别中，通常涉及以下几个方面的技术：

(1) 图像获取：机器人通过搭载摄像头或其他传感器来获取环境中的图像信息。

(2) 物体识别：利用计算机视觉技术，机器人可以识别图像中的物体，这通常涉及物体检测、分类和识别等技术。

(3) 姿态估计：除了识别物体外，机器人还需要了解物体的姿态信息，即物体在空间中的位置、方向和大小等。

(4) 场景理解：机器人需要对整个场景进行理解，包括物体之间的关系、环境的结构等。

(5) 自主导航：基于视觉识别的信息，机器人能够进行自主导航，从而在未知环境中进行移动和探索。

机器人视觉识别技术的发展不断推动着机器人在各个领域的应用，如工业制造、服务机器人和医疗保健等。随着深度学习等技术的不断进步，机器人视觉识别的性能和精度也在不断提高，使得机器人能够在更复杂的环境下执行更多样化的任务。

2. 实训工具和器材

实训工具和器材如表 3-11-2 所示。

表 3-11-2　实训工具和器材

| 序号 | 名　称 | 数量 | 规格型号 |
|------|--------|------|----------|
| 1 | 机器人本体及控制柜 | 1 | ER3-600 |
| 2 | 机器人综合实训平台 | 1 | APSX-E01/APSX-A02 |

# 五、实训步骤

1. 视觉界面介绍

(1) 见图 3-11-1，单击示教器上的 ▭ 按钮，进入桌面。

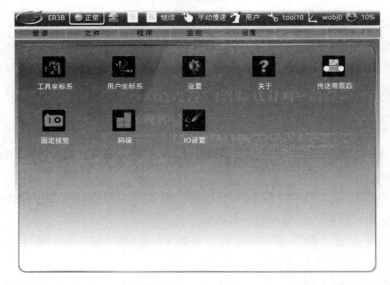

图 3-11-1

(2) 见图 3-11-2，单击桌面上的"固定视觉"应用进入固定视觉应用主界面。其中：

①——固定视觉开关。

②——TCP/IP 连接状态。

③——在机器人坐标系下工件位置。

④——像素分辨率、工件属性和工件 ID。

⑤——相机触发指令和拍照间隔。

⑥——"拍照""设置"和"退出"按钮。

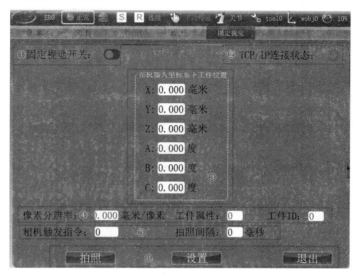

图 3-11-2

(3) 见图 3-11-3，单击固定视觉主界面的"设置"按钮，进入设置界面。其中：

①——相机品牌选择。

②——相机登录账号。

③——登录密码。

④——相机 IP 地址。

⑤——相机端口。

⑥——相机触发方式。

⑦——拍照时间间隔。

⑧——相机触发 I/O 口。

⑨——标定方式。

⑩——相机触发指令。

⑪——相机数据获取指令。

⑫——"保存""连接""返回"按钮。

当所有的设置完成后，单击"保存"按钮，会将设置的信息保存到控制器中；单击"连接"后，机器人会跟相机进行连接，连接成功后，界面右上角的状态会变成绿色。返回到主界面时需单击"返回"按钮。

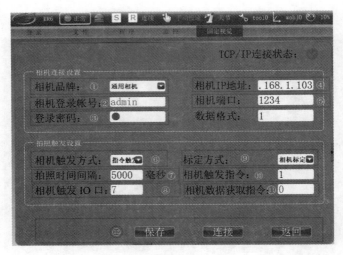

图 3-11-3

**2. 机器人视觉部分参数设置**

(1) 见图 3-11-4，选择相机品牌为通用相机，相机 IP 地址为 192.168.1.103，相机端口为 3000，触发方式为指令触发，拍照时间间隔为 5000 毫秒，标定方式为相机标定，相机触发指令为 1。

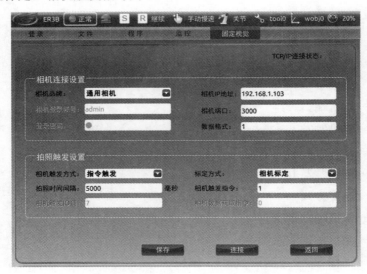

图 3-11-4

(2) 见图 3-11-5，参数设置完毕后单击"连接"按钮，等待连接状态指示灯显示为绿色。

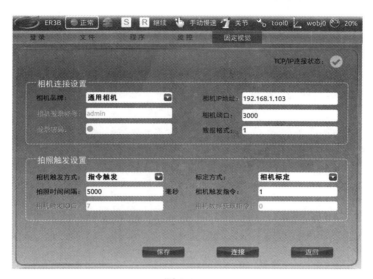

图 3-11-5

### 3. 相机标定测试

(1) 见图 3-11-6，相机的标定在相机软件上完成，具体标定操作流程根据相机提供的标定流程进行。

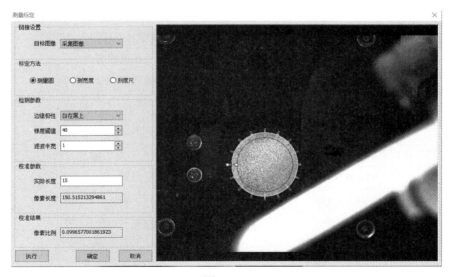

图 3-11-6

(2) 见图 3-11-7，在相机上标定完成后，进行拍照测试。在相机标定的主界面中，单击"拍照"按钮，工件在机器人坐标系下的值会刷新。

图 3-11-7

4. 视觉指令介绍

(1) 表 3-11-3 所示为固定视觉指令说明。

表 3-11-3　固定视觉指令说明

| 指　令 | 名　称 |
|---|---|
| Vision. _Init_() | 视觉功能初始化命令 |
| Vision. getData () | 相机拍照命令 |
| Vision. setTrigCmd (int p) | 设置相机触发指令 |

(2) 表 3-11-4 所示为视觉相关变量说明。

表 3-11-4　视觉相关变量说明

| 变　量 | 名　称 |
|---|---|
| Vision. x real | 工件位置：X 方向坐标 |
| Vision. y real | 工件位置：Y 方向坐标 |
| Vision. z real | 工件位置：Z 方向坐标 |
| Vision. a real | 工件姿态：绕 Z 轴角度 |
| Vision. b real | 工件姿态：绕 Y 轴角度 |
| Vision. c real | 工件姿态：绕 X 轴角度 |
| Vision. attr int | 工件属性 |
| Vision. id int | 工件 ID |

5. 机器人视觉程序编写

(1) 见图 3-11-8，编写初始化程序，打开夹爪、复位吸盘。

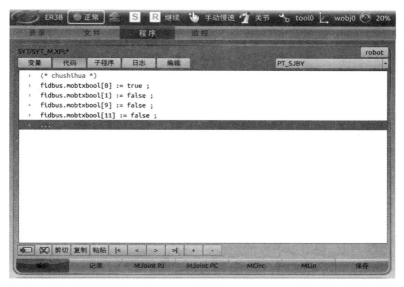

图 3-11-8

(2) 见图 3-11-9，调用取吸盘子程序。

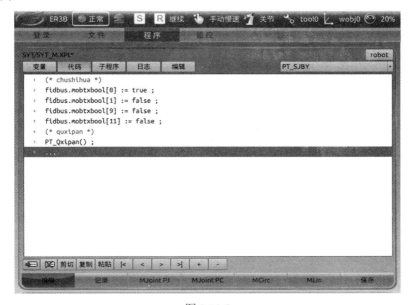

图 3-11-9

(3) 见图 3-11-10, 运动至取料等待位置。

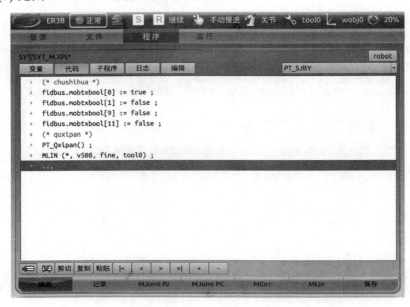

图 3-11-10

(4) 见图 3-11-11, 控制上料机构上料, 等待上料完成信号。

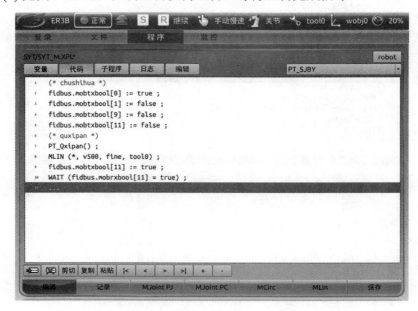

图 3-11-11

(5) 见图 3-11-12，接收到上料完成信号后复位上料触发信号。

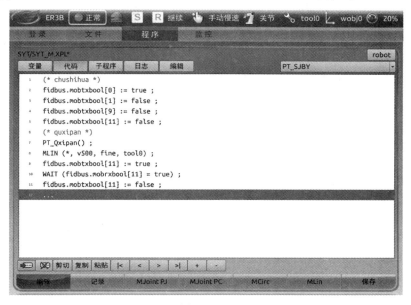

图 3-11-12

(6) 见图 3-11-13，添加程序标签。

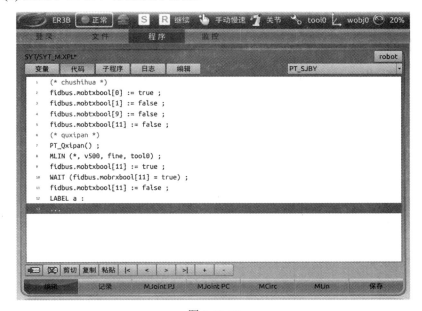

图 3-11-13

(7) 见图 3-11-14，添加相机指令。设置相机触发指令为 1。

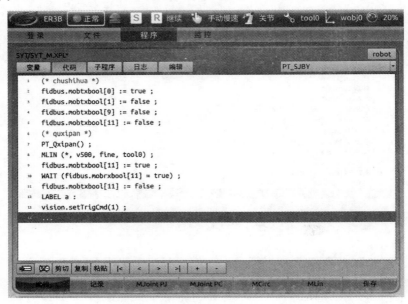

图 3-11-14

(8) 见图 3-11-15，触发相机拍照，当成功获取数据时，变量 hasobj = true。

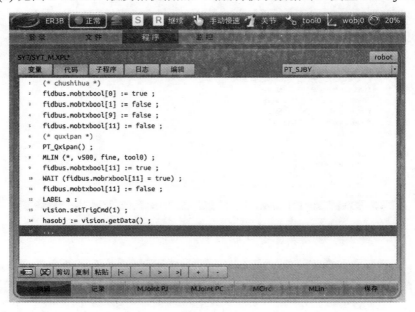

图 3-11-15

(9) 见图 3-11-16，如果成功获取相机数据，则执行 IF 中的内容。

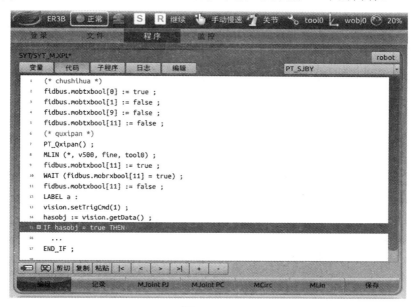

图 3-11-16

(10) 见图 3-11-17，设置抓取上方点。

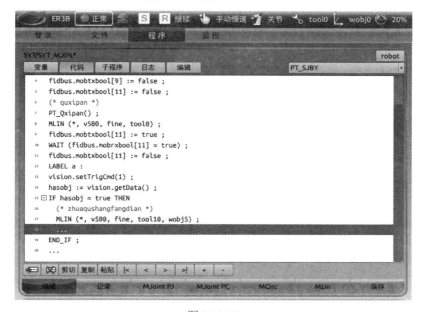

图 3-11-17

(11) 见图 3-11-18，编辑此点位置数据计算方法。

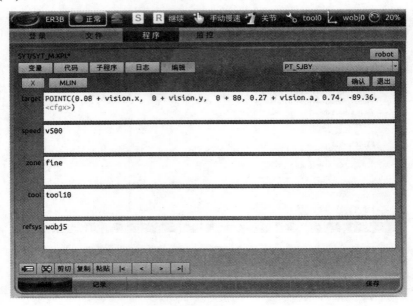

图 3-11-18

(12) 见图 3-11-19，添加抓取点。

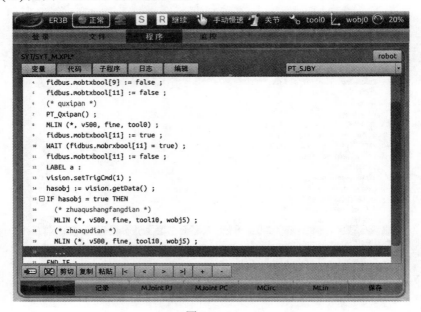

图 3-11-19

(13) 见图 3-11-20，编辑此点位置数据计算方法。

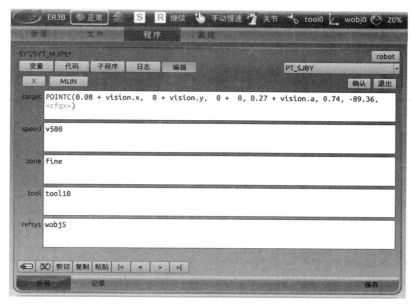

图 3-11-20

(14) 见图 3-11-21，添加吸盘控制程序。

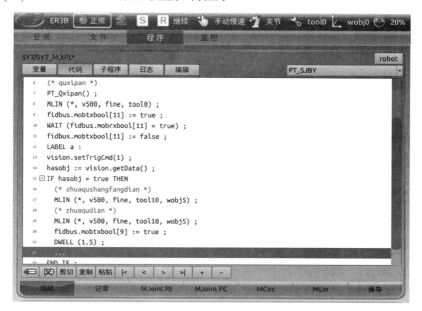

图 3-11-21

(15) 见图 3-11-22，抓取物块返回至取料点上方位置。

图 3-11-22

(16) 见图 3-11-23，运动至中间过渡位置。

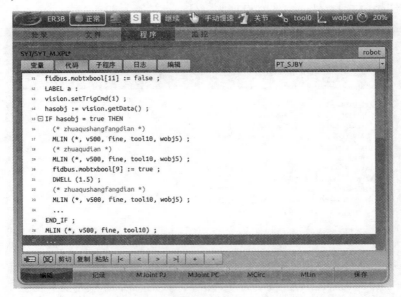

图 3-11-23

(17) 见图 3-11-24，判断工件属性，此处"1"代表意思为物块为白色圆形物块。

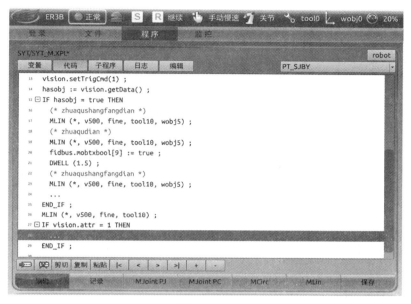

图 3-11-24

(18) 见图 3-11-25，运动至放料上方过渡点。

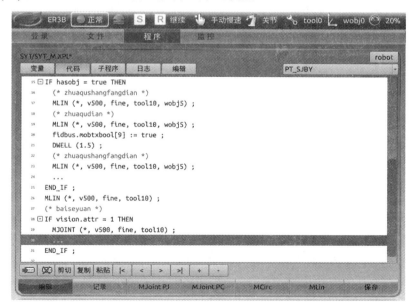

图 3-11-25

(19) 见图 3-11-26，编写程序使其运动至放料点位置。

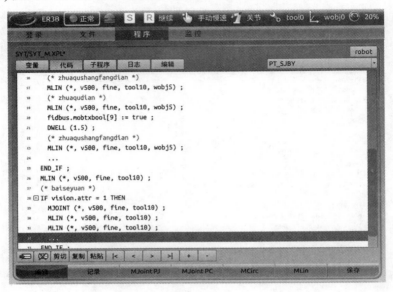

图 3-11-26

(20) 见图 3-11-27，松开吸盘，放置物料。

图 3-11-27

(21) 见图 3-11-28，放置完毕返回至放料过渡点位置。

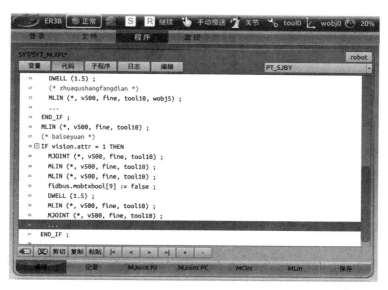

图 3-11-28

(22) 见图 3-11-29，调用放吸盘子程序。

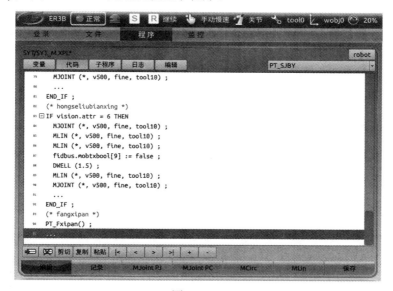

图 3-11-29

操作要点：

(1) 环境光线和背景：确保环境光线充足且均匀，避免强光和阴影对视觉识别造成干扰。此外，背景应简洁干净，避免与目标物体相似，以提高识别准确性。

(2) 相机设置：根据实际情况调整相机的曝光、对焦和白平衡等参数，以确保获取清晰、准确的图像。同时，使用高质量的相机设备可以提高视觉识别的效果。

(3) 目标物体特征：了解目标物体的特征，包括形状、颜色和纹理等，以便设定合适的识别算法和模型。在目标物体上添加标识物或者提高反光性能，有助于提高识别精度。

(4) 图像处理算法：选择合适的图像处理算法和模型，如深度学习、神经网络等，对获取的图像进行处理和分析，提取特征并进行识别。根据实际场景调整算法参数，优化识别效果。

(5) 校准和校正：对视觉系统进行校准和校正，包括相机标定、图像畸变矫正等，以确保图像数据准确无误。校准后的系统能够提供更准确的识别结果。

(6) 实时监控和反馈：设计实时监控功能，能够及时反馈识别结果和处理进展。根据监控结果进行调整和优化，以确保视觉识别系统的稳定性和可靠性。

(7) 数据集和训练：准备充足的数据集，包括正样本和负样本，在训练模型之前对数据进行预处理和标注。通过不断的数据训练和学习，提高视觉识别系统的准确性和泛化能力。

## 六、自我评价

项目完成后按下表进行自我评价。

| | |
|---|---|
| 安全生产 | |
| 实验操作 | |
| 团队合作 | |
| 清洁素养 | |

## 七、评分表

按下表各项内容进行打分，并对项目完成情况进行总结。

| 配 分 项 目 | 配 分 | 得 分 |
|---|---|---|
| 安全防范 | 10 | |
| 知识准备与实训工具和器材 | 10 | |
| 实训步骤 | 70 | |
| 自我评价 | 10 | |
| 合计 | 100 | |

# 项目 12　PLC 与机器人通信

## 一、教学目标

PLC 与机器人通信

### 1. 知识

(1) 了解机器人现场总线种类；
(2) 了解机器人现场总线的通信方法。

### 2. 技能

(1) 掌握机器人与 PLC 之间 ModbusTCP 通信方法；
(2) 掌握 PLC 通信程序的编写；
(3) 实现机器人总线数据的读取和写入。

### 3. 过程与方法

能根据实训指导书的要求，采取小组合作的方式完成 PLC 与机器人之间的 ModbusTCP 通信项目；在小组合作过程中，能合理安排工作过程，分配工作任务，注重安全规范；能总结并展示本实验的收获与体验。

## 二、学习内容与时间安排

PLC 与机器人通信学习要求如表 3-12-1 所示。

表 3-12-1　PLC 与机器人通信学习要求

| 学　习　要　求 | 时间 / min |
| --- | --- |
| 了解机器人通信相关内容 | 20 |
| 按照实训步骤操作，编写 PLC 部分程序 | 60 |
| 在操作实训结束后，积极参加小组讨论，探讨实训操作过程中遇到的问题，并执行 5S 管理规定 | 10 |

## 三、安全警示

我已认真阅读机器人操作安全规范，并预习了 PLC 与机器人通信项目，针

对该项目的特点我认为在安全防范上应注意以下几点：（不少于 3 条）

_____

_____

_____

_____

_____

签名：_____

## 四、知识准备与实训工具和器材

### 1. 知识准备

PLC 与机器人通信是在工业自动化系统中，通过编程逻辑控制器 (PLC) 与机器人之间进行数据交换和通信的过程。这种通信使得 PLC 能够控制和监控机器人的运动、状态和行为，从而实现更复杂的自动化任务和生产流程。

PLC 与机器人通信的一般方式和步骤如下：

(1) 通信接口选择：首先需要确定 PLC 和机器人之间的通信接口和协议。常见的通信接口包括以太网、串行接口 ( 如 RS-232、RS-485)、Profibus、DeviceNet 等。根据实际情况选择合适的通信接口。

(2) 通信协议配置：配置 PLC 和机器人之间的通信协议和通信参数，确保它们能够正确地进行数据交换和通信。通信协议通常包括数据格式、通信速率和数据校验等内容。

(3) 数据传输：在 PLC 程序中编写相应的通信模块或指令，实现与机器人的数据传输和通信。这可能涉及读取机器人的状态信息、发送控制指令和接收传感器数据等操作。

(4) 命令解析与执行：机器人接收到 PLC 发送的指令后，解析指令内容并执行相应的动作或任务。这可能包括机器人的运动控制、执行特定的操作和改变工作状态等。

(5) 状态反馈与监控：机器人在执行任务过程中，通过通信接口向 PLC 发送状态反馈信息，如执行完成、出现故障等。PLC 可以根据这些信息进行相应的处理和监控，以确保机器人的正常运行。

(6) 异常处理：在通信过程中可能会出现通信故障、数据丢失等异常情况。

PLC需要设计相应的异常处理机制，及时检测并采取措施来应对异常，以确保通信的稳定性和可靠性。

(7) 安全保障：在设计通信系统时，需要考虑到安全因素，确保通信过程中数据的保密性和完整性，同时防止恶意攻击和非法访问。

通过PLC与机器人的通信，可以实现工业自动化系统中不同设备之间的数据交换和协作，提高生产效率和质量，降低成本和人力投入。

2. 实训工具和器材

实训工具和器材如表3-12-2所示。

表 3-12-2　实训工具和器材

| 序号 | 名　称 | 数量 | 规格型号 |
|---|---|---|---|
| 1 | 机器人本体及控制柜 | 1 | ER3-600 |
| 2 | 机器人综合实训平台 | 1 | APSX-E01/APSX-A02 |

## 五、实训步骤

1. 总线数据查看

(1) 见图3-12-1，打开总线监控界面。

图 3-12-1

(2) 见图3-12-2，选中需要查看的变量。

① 在界面中选择需要查看的通信协议的数据，这里以 Modbus 为例。

② 选择"名称"下面"加（减）"号按钮可以展开（收起）数据列表。

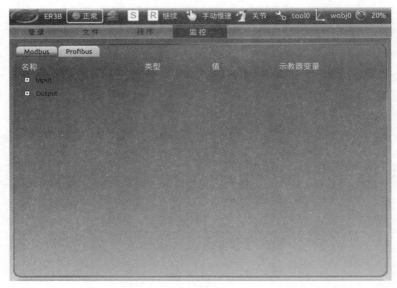

图 3-12-2

(3) 见图 3-12-3，查看变量数据：第 1 列是数据名称；第 2 列数据类型；第 3 列是数据的值；第 4 列是对应的示教器程序中的变量。

图 3-12-3

## 2. 总线数据输出设置

见图 3-12-4 和图 3-12-5，按第一步中方式打开数据监控列表的输出部分，单击需要输出的变量的"值"这一列，则弹出输出框。以一个 real 变量为例，设置输出数据的值，然后单击"√"则数据输出，单击"×"则取消输出。

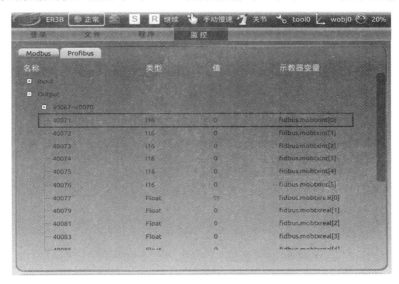

图 3-12-4

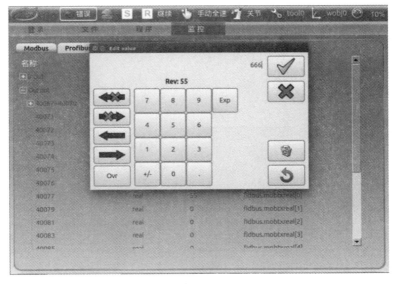

图 3-12-5

3. 通信参数设置

见图 3-12-6，更改机器人 IP 地址，使其地址与 PLC 处于同一网段，此处机器人地址为 192.168.1.12。

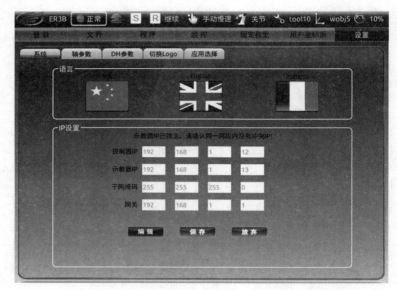

图 3-12-6

4. PLC 程序编写

(1) 见图 3-12-7，进行硬件组态，将现场相对应的硬件组态完毕。

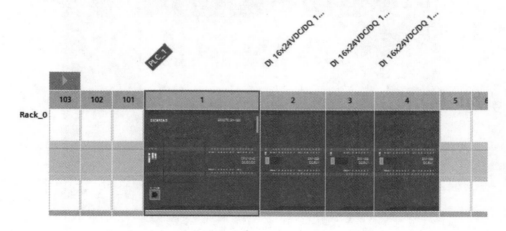

图 3-12-7

(2) 见图 3-12-8，更改 PLC 地址，使其与机器人在同一网段，此处 PLC 地址为 192.168.1.2。

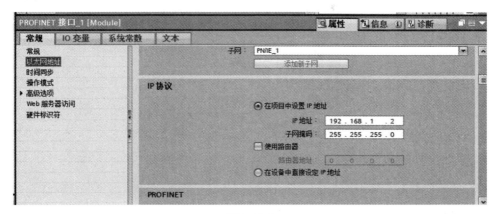

图 3-12-8

(3) 见图 3-12-9，查看 PLC 硬件标识符。在"设备组态"中双击 PROFINET 接口，然后在"属性"中单击"硬件标识符"查看。

图 3-12-9

(4) 见图 3-12-10，S7-1200 Modbus TCP 客户端编程。调用 MB_CLIENT 指令块，该指令块主要完成客户机和服务器的 TCP 连接、发送命令消息、接收响应以及控制服务器断开的工作任务。

图 3-12-10

(5) 见图 3-12-11，将 MB_CLIENT 指令块在"程序块 -> OB1"中的程序段里调用，调用时会自动生成背景 DB，单击"确定"即可。

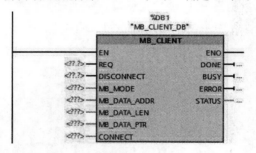

图 3-12-11

(6) 图 3-12-12 所示为该功能块各个引脚定义。

| REQ | 与服务器之间的通信请求，上升沿有效 |
|---|---|
| DISCONNECT | 通过该参数，可以控制与 Modbus TCP 服务器建立和终止连接。0（默认）：建立连接；1：断开连接 |
| MB_MODE | 选择 Modbus 请求模式（读取、写入或诊断）。0：读；1：写 |
| MB_DATA_ADDR | 由"MB_CLIENT"指令所访问数据的起始地址 |
| MB_DATA_LEN | 数据长度：数据访问的位或字的个数 |
| MB_DATA_PTR | 指向 Modbus 数据寄存器的指针 |
| CONNECT | 指向连接描述结构的指针。TCON_IP_v4（S7-1200） |
| DONE | 最后一个作业成功完成，立即将输出参数 DONE 置位为"1" |
| BUSY | 作业状态位：0：无正在处理的"MB_CLIENT"作业；1："MB_CLIENT"作业正在处理 |
| ERROR | 错误位：0：无错误；1：出现错误，错误原因查看 STATUS |
| STATUS | 指令的详细状态信息 |

图 3-12-12

(7) 见图 3-12-13，CONNECT 引脚的指针类型。先创建一个新的全局数据块 DB2。

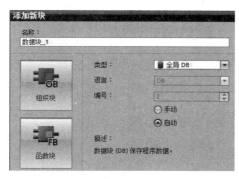

图 3-12-13

(8) 见图 3-12-14，双击打开新生成的 DB 块，定义变量名称为"aa"，数据类型为"TCON_IP_v4"（可以将 TCON_IP_v4 复制到该对话框中），然后按"回车"键，该数据类型结构创建完毕。

| | | 名称 | 数据类型 | 偏移量 | 起始值 | 保持 |
|---|---|---|---|---|---|---|
| 1 | ⬦ | ▼ Static | | | | ☐ |
| 2 | ⬦ | ▼ aa | TCON_IP_v4 | 0.0 | | ☐ |
| 3 | ⬦ | ■ InterfaceId | HW_ANY | 0.0 | 16#40 | ☐ |
| 4 | ⬦ | ■ ID | CONN_OUC | 2.0 | 16#1 | ☐ |
| 5 | ⬦ | ■ ConnectionType | Byte | 4.0 | 16#0B | ☐ |
| 6 | ⬦ | ■ ActiveEstablished | Bool | 5.0 | 1 | ☐ |
| 7 | ⬦ | ■ ▼ RemoteAddress | IP_V4 | 6.0 | | ☐ |
| 8 | ⬦ | ■ ▶ ADDR | Array[1..4] of Byte | 6.0 | | ☐ |
| 9 | ⬦ | ■ RemotePort | UInt | 10.0 | 502 | ☐ |
| 10 | ⬦ | ■ LocalPort | UInt | 12.0 | 0 | ☐ |

图 3-12-14

(9) 各个引脚定义说明如图 3-12-15 所示。

| InterfaceId | 硬件标识符 |
|---|---|
| ID | 连接 ID，取值范围 1~4095 |
| Connection Type | 连接类型。TCP 连接默认为 16#0B |
| ActiveEstablished | 建立连接。主动为 1（客户端），被动为 0（服务器） |
| ADDR | 服务器侧的 IP 地址 |
| RemotePort | 远程端口号 |
| LocalPort | 本地端口号 |

图 3-12-15

(10) 远程服务器为机器人的 IP 地址为 192.168.1.12，远程端口号设为 502。客户端侧该数据结构的各项值如图 3-12-16 所示。

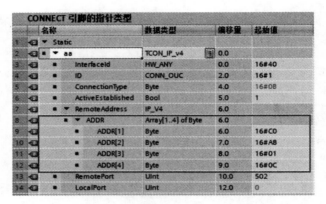

图 3-12-16

(11) 创建 MB_DATA_PTR 数据缓冲区。先创建一个全局数据块 DB3，数据块的名称如图 3-12-17 所示。

(12) 见图 3-12-18，建立一个数组的数据类型，以便通信中存放数据。

图 3-12-17

图 3-12-18

(13) 见图 3-12-19，修改 DB 块属性为标准的块结构，将"优化的块访问"取消勾选。

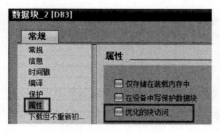

图 3-12-19

(14) 见图 3-12-20，客户端侧完成指令块编程。

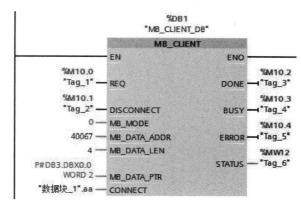

图 3-12-20

(15) 见图 3-12-21，将整个项目下载到 S7-1200。待 Modbus TCP 服务器侧准备就绪，给 MB_CLIENT 指令块的 REQ 引脚一个上升沿，将读取到的数据放入 MB_DATA_PTR 引脚指定的 DB 块中。

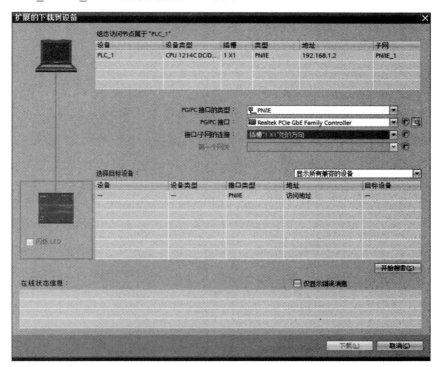

图 3-12-21

5. 通信结果测试

见图 3-12-22，等待建立连接成功后，在机器人侧设置数值，观察 PLC 端是否接收成功。

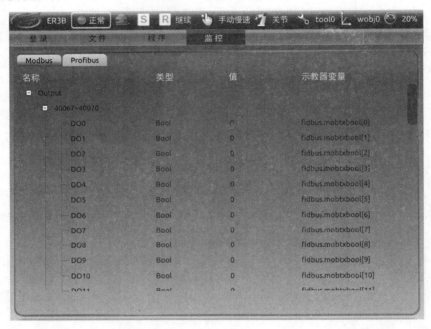

图 3-12-22

操作要点：

(1) 通信接口配置：确保正确选择和配置 PLC 和机器人之间的通信接口和协议。这包括设置通信速率、数据格式和校验方式等参数，以确保通信的稳定性和可靠性。

(2) 数据传输的可靠性：在 PLC 程序中编写通信模块时，要考虑到数据传输的可靠性。采用适当的数据传输机制和错误处理方法，以确保数据能够准确地传输和解析。

(3) 指令解析与执行：确保机器人能够正确解析并执行 PLC 发送的指令。这需要编写清晰明确的指令格式，并在机器人程序中实现相应的指令解析逻辑。

(4) 状态反馈与监控：设计机制来确保机器人状态的及时反馈和监控。PLC 需要能够接收并处理机器人发送的状态信息，及时响应和调整。

(5) 异常处理机制：设计异常处理机制来处理通信过程中可能出现的异常情况。这包括通信故障、数据丢失和超时等情况的处理方法，以确保系统能够

在异常情况下自动恢复或提供相应的报警信息。

(6) 安全保障措施：在通信设计中考虑安全因素，采取措施确保通信过程中数据的保密性和完整性。这可能包括数据加密、访问权限控制和防火墙设置等安全措施。

(7) 测试与调试：在实际应用前，进行充分的测试与调试工作。通过模拟不同的情况和场景，验证通信系统的稳定性和可靠性，以确保系统能够正常运行。

## 六、自我评价

项目完成后按下表进行自我评价。

| | |
|---|---|
| 安全生产 | |
| 实验操作 | |
| 团队合作 | |
| 清洁素养 | |

## 七、评分表

按下表各项内容进行打分，并对项目完成情况进行总结。

| 配 分 项 目 | 配 分 | 得 分 |
|---|---|---|
| 安全防范 | 10 | |
| 知识准备与实训工具和器材 | 10 | |
| 实训步骤 | 70 | |
| 自我评价 | 10 | |
| 合计 | 100 | |

# 项目 13 HMI 界面编程

HMI 界面编程

## 一、教学目标

### 1. 知识

(1) 了解人机界面组态方法；

(2) 了解 HMI 界面编程方法。

### 2. 技能

掌握 HMI 界面编程方法。

### 3. 过程与方法

能根据实训指导书的要求，采取小组合作的方式完成 HMI 组态及编程工作；在小组合作过程中，能合理安排工作过程，分配工作任务，注重安全规范；能总结并展示本实验的收获与体验。

## 二、学习内容与时间安排

HMI 界面编程学习要求如表 3-13-1 所示。

表 3-13-1　HMI 界面编程学习要求

| 学 习 要 求 | 时间 / min |
| --- | --- |
| 了解 HMI 组态方法 | 20 |
| 按照实训步骤操作，编写 HMI 部分程序 | 60 |
| 在操作实训结束后，积极参加小组讨论，探讨实训操作过程中遇到的问题，并执行 5S 管理规定 | 10 |

## 三、安全警示

我已认真阅读机器人操作安全规范，并预习了 HMI 界面程序编写项目，针对该项目的特点我认为在安全防范上应注意以下几点：（不少于 3 条）

_____

_____

_____

_____

签名：_____

## 四、知识准备与实训工具和器材

### 1. 知识准备

HMI(Human-Machine Interface) 界面编程是设计和开发人机界面，使操作者能够直观地与机器或系统进行交互。进行 HMI 界面编程时需要考虑的关键要点如下：

(1) 用户体验设计：设计用户友好的界面，包括直观的操作界面、清晰的布局和易于理解的图形元素。确保界面的可操作性和易用性，减少用户的操作误差。

(2) 功能布局与导航：设计合理的功能布局和导航结构，使用户能够快速找到需要的功能和信息；采用清晰的菜单结构和导航按钮，减少用户的学习成本和操作时间。

(3) 信息展示与反馈：显示系统状态、参数和操作结果等关键信息，提供及时的反馈和提示。采用图形、文字和颜色等方式呈现信息，以确保用户能够清晰地了解系统运行状态。

(4) 多语言支持：如果系统需要在多个地区使用，考虑实现多语言支持功能，使用户能够选择自己熟悉的语言进行操作和显示。

(5) 安全性考虑：在界面设计中考虑安全因素，采取措施防止误操作或非授权访问。如添加密码登录、权限控制等功能，限制不同用户的操作权限。

(6) 图形元素设计：使用适当的图形元素和控件，如按钮、滑块和输入框等，以及合适的颜色和大小，以增强界面的可视性和吸引力。

(7) 实时数据处理：显示实时数据或图表，确保界面能够及时更新并呈现最新的数据，以满足用户对系统状态的实时监控需求。

(8) 响应式设计：考虑不同分辨率和屏幕尺寸的设备的适配性，采用响应式设计或自适应布局，使界面能够在不同设备上保持良好的显示效果。

(9) 调试与测试：在开发过程中进行充分地调试和测试，以确保界面的稳定性和可靠性。模拟用户操作场景，检查界面的各项功能和交互是否正常运行。

(10) 文档与维护：编写清晰的用户手册和技术文档，向用户提供操作指导和故障排除方法。定期进行界面的维护和更新，以确保其与系统的功能和性能保持一致。

通过考虑以上要点，可以设计出符合用户需求和操作习惯的 HMI 界面，提高系统的易用性和用户满意度。

2. 实训工具和器材

实训工具和器材如表 3-13-2 所示。

表 3-13-2　实训工具和器材

| 序号 | 名　　称 | 数量 | 规格型号 |
| --- | --- | --- | --- |
| 1 | 机器人本体及控制柜 | 1 | ER3-600 |
| 2 | 机器人综合实训平台 | 1 | APSX-E01/APSX-A02 |

## 五、实训步骤

1. 添加硬件并组态设备

(1) 见图 3-13-1，双击"添加新设备"按钮，选择对应的设备，单击"确定"按钮添加设备。

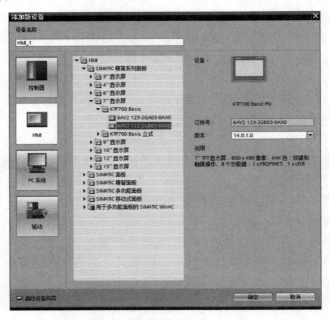

图 3-13-1

(2) 见图 3-13-2，组态 PLC 连接。单击"完成"按钮完成组态。

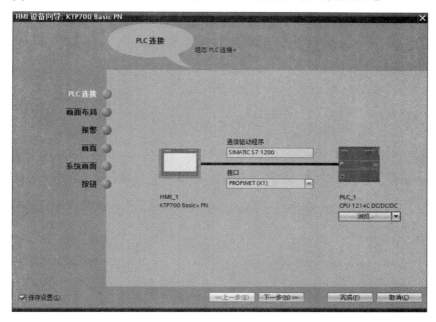

图 3-13-2

(3) 见图 3-13-3，进入到初始界面。

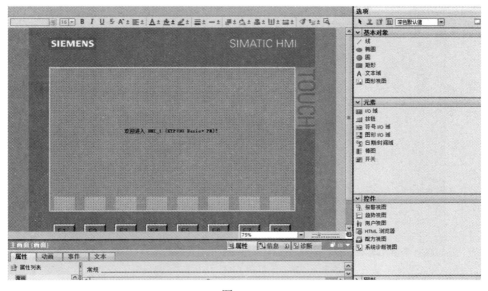

图 3-13-3

2. HMI 程序编写

(1) 见图 3-13-4,此处以"机器人输入""机器人输出"状态监视与控制为例进行画面的编写。先添加有关变量,所需变量如图所示,将新建变量与 PLC 变量对应起来。

图 3-13-4

(2) 见图 3-13-5,机器人输出状态监视。添加指示灯控件,并添加文字说明。

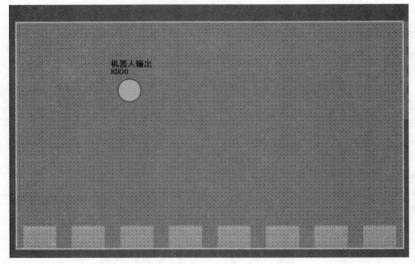

图 3-13-5

(3) 见图 3-13-6,调整文字格式。先选中文字,单击"属性",再选择"文本格式",对齐方式选择"居中"。

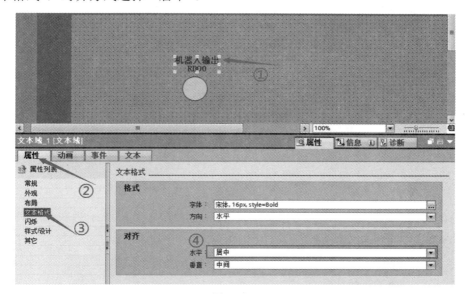

图 3-13-6

(4) 见图 3-13-7,组态指示灯相关动画。先选中指示灯,然后选择"动画",再选择"添加新动画",最后选择"外观"。

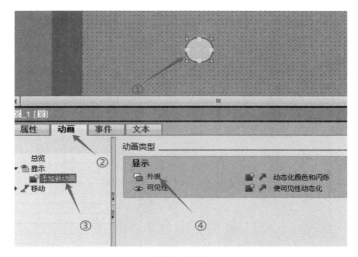

图 3-13-7

(5) 见图 3-13-8,组态指示灯相关变量。先单击"...",选择"默认变量表",再单击机器人输出变量。

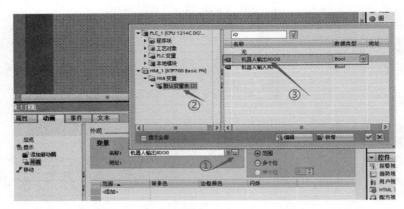

图 3-13-8

(6) 见图 3-13-9，添加指示灯动画。使其变量等于 0 时显示为灰色，等于 1 时显示为绿色。

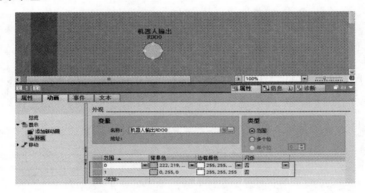

图 3-13-9

(7) 见图 3-13-10，机器人输入状态设置。添加按钮控件，并更改文字说明。

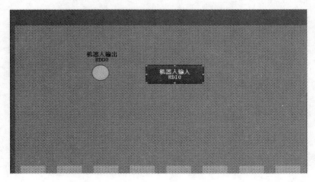

图 3-13-10

(8) 见图 3-13-11，更改文字显示格式。

图 3-13-11

(9) 见图 3-13-12，组态按钮相关事件。

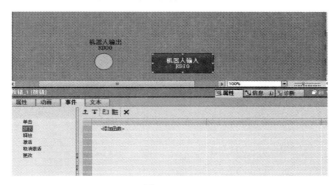

图 3-13-12

(10) 见图 3-13-13，单击"按下"，选择"编辑位"，选择"置位位"。

图 3-13-13

(11) 见图 3-13-14，完成"按下"事件的添加。

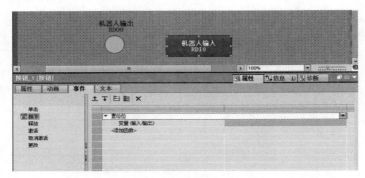

图 3-13-14

(12) 见图 3-13-15，选择"按下"事件所对应的变量。

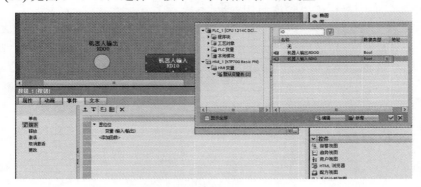

图 3-13-15

(13) 见图 3-13-16，同理，编辑"释放"所对应的事件和变量。

图 3-13-16

(14) 见图 3-13-17，添加按钮显示动画。选择按钮"外观"动画，单击"添加新动画"。

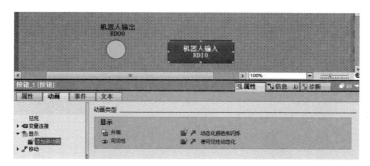

图 3-13-17

(15) 见图 3-13-18，选择按钮"外观"动画相关变量。

图 3-13-18

(16) 见图 3-13-19，添加"外观"动画效果。将范围"0"设置为灰色，范围"1"设置为绿色。

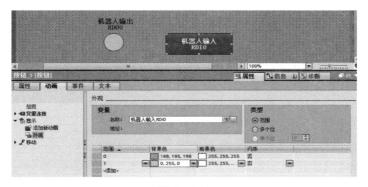

图 3-13-19

(17) 见图 3-13-20，下载至 HMI 设备中，查看机器人通信效果。

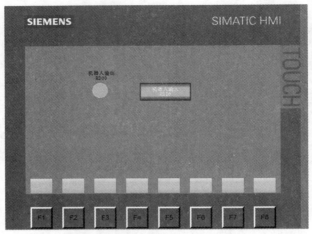

图 3-13-20

操作要点：

(1) 需求分析：在设计之前，充分了解用户的需求和系统的功能，明确界面应该提供哪些功能和信息展示。包括与最终用户和系统运维人员的沟通，以确保设计符合实际需求。

(2) 界面设计工具：选择合适的界面设计工具，如 Adobe XD、Sketch 和 Figma 等，用于创建界面原型和布局设计。这些工具通常提供丰富的组件库和交互功能，方便设计人员快速实现设计想法。

(3) 用户体验优化：着重设计用户友好的界面，确保操作流程简单直观。避免界面过于复杂或混乱，保持一致的设计风格和交互逻辑，提高用户的操作效率和满意度。

(4) 界面元素选择：选择适合场景的界面元素，如按钮、文本框和下拉菜单等，并合理布局它们以实现清晰的界面结构。考虑元素的大小、颜色和位置，以确保它们在不同分辨率下都能够清晰可见。

(5) 交互设计：设计界面的交互方式，包括按钮点击、输入框输入和页面跳转等操作，以确保交互流程顺畅，用户能够轻松完成所需操作，并提供必要的反馈以指导用户的行为。

(6) 响应式布局：考虑不同设备和屏幕尺寸的适配性，采用响应式布局或流式布局，以确保界面在各种设备上都能够呈现良好的视觉效果和操作体验。

(7) 图形和图标设计：使用符合主题和功能的图形和图标，增强界面的可视性和美观度。避免使用过多的装饰性图案，保持界面简洁清晰。

(8) 文本内容优化：编写简洁明了的文本内容，以确保用户能够准确理解界面上的提示、标签和说明。使用易懂的词汇和语言，避免专业术语或难以理解的表达方式。

(9) 测试与反馈：在完成设计后，进行用户体验测试和功能测试，收集用户的反馈意见并及时进行调整优化。不断改进界面设计，以适应用户需求的变化和不断提升的用户体验标准。

(10) 安全性考虑：如果界面涉及对系统的控制或敏感信息的展示，必须考虑安全性问题，采取相应的措施以确保数据的保密性和系统的安全性。

## 六、自我评价

项目完成后按下表进行自我评价。

| | |
|---|---|
| 安全生产 | |
| 实验操作 | |
| 团队合作 | |
| 清洁素养 | |

## 七、评分表

按下表各项内容进行打分，并对项目完成情况进行总结。

| 配 分 项 目 | 配 分 | 得 分 |
|---|---|---|
| 安全防范 | 10 | |
| 知识准备与实训工具和器材 | 10 | |
| 实训步骤 | 70 | |
| 自我评价 | 10 | |
| 合计 | 100 | |

# 项目 14 机器视觉程序编写

机器视觉程序编写

## 一、教学目标

### 1. 知识

(1) 了解机器视觉组成及原理；

(2) 了解视觉软件各部分功能。

### 2. 技能

掌握视觉程序编写方法。

### 3. 过程与方法

能根据实训指导书的要求，以小组合作方式完成视觉相机硬件连接以及软件编程工作；在小组合作过程中，能合理安排工作过程，分配工作任务，注重安全规范；能总结并展示本实验的收获与体验。

## 二、学习内容与时间安排

机器视觉程序编写学习要求如表 3-14-1 所示。

表 3-14-1　机器视觉程序编写学习要求

| 学 习 要 求 | 时间 / min |
| --- | --- |
| 了解相机硬件连接以及软件编程方法 | 20 |
| 按照实训步骤操作，在软件中编写相机控制程序 | 60 |
| 在操作实训结束后，积极参加小组讨论，探讨实训操作过程中遇到的问题，并执行 5S 管理规定 | 10 |

## 三、安全警示

我已认真阅读相机使用手册，并预习了视觉相机使用方法项目，针对该项目的特点我认为在安全防范上应注意以下几点：（不少于 3 条）

_____

_____

_____

_____

_____

签名：_____

## 四、知识准备与实训工具和器材

### 1. 知识准备

机器视觉程序编写涉及利用计算机视觉技术处理图像或视频数据，通常用于目标检测、识别、跟踪等应用。进行机器视觉程序编写时需要考虑的关键要点如下：

(1) 图像采集与预处理：首先获取图像或视频数据，并进行预处理以提高后续算法的准确性和稳定性。预处理包括去噪、图像增强和尺寸调整等操作。

(2) 特征提取与描述：提取图像中的关键特征，并将其描述为适合计算机处理的形式。常用的特征包括边缘、角点和纹理等，描述方式可以是直方图、特征向量等。

(3) 目标检测与识别：根据任务需求，设计并实现目标检测或识别算法，从图像中找到感兴趣的目标并进行分类。常用的算法包括卷积神经网络 (CNN)、支持向量机 (SVM) 等。

(4) 目标跟踪与定位：如果需要跟踪目标的运动轨迹或确定目标的位置，可以利用跟踪算法进行处理。常见的跟踪算法有卡尔曼滤波、粒子滤波等。

(5) 算法优化与性能调优：针对具体应用场景，优化算法以提高准确性、响应速度和稳定性。可以通过调整参数、算法结构优化和硬件加速等方式进行性能调优。

(6) 数据集准备与标注：如涉及机器学习算法，需要准备标注好的数据集用于模型训练。数据集的质量和标注的准确性直接影响算法的性能。

(7) 模型训练与优化：利用准备好的数据集训练模型，并进行模型优化以提高泛化能力和适应性。常见的深度学习框架包括 TensorFlow、PyTorch 等。

(8) 部署与集成：将训练好的模型部署到实际系统中，并与其他组件进行集成。需要考虑系统的实时性要求、资源限制等因素。

(9) 实时处理与反馈：如果需要实时处理图像或视频数据，并进行实时反馈，需要考虑算法的效率和延迟，并采取相应的优化措施。

(10) 测试与评估：在部署前进行充分的测试和评估，验证算法的准确性、稳定性和性能是否满足要求。可以使用各种指标进行评估，如准确率、召回率和均方误差等。

通过考虑以上要点，可以设计并实现高效、准确的机器视觉程序，用于解决各种实际应用问题。

2. 实训工具和器材

实训工具和器材如表 3-14-2 所示。

表 3-14-2　实训工具和器材

| 序号 | 名　　称 | 数量 | 规格型号 |
| --- | --- | --- | --- |
| 1 | 机器人本体及控制柜 | 1 | ER3-600 |
| 2 | 机器人综合实训平台（含视觉相机） | 1 | APSX-E01/APSX-A02 |

# 五、实训步骤

1. 相机驱动软件配置

(1) 见图 3-14-1，双击打开相机驱动 MVS 软件。

(2) 见图 3-14-2，找到需要连接的相机，通常 IP 地址只要设置正确，相机就会自动显示。

图 3-14-1

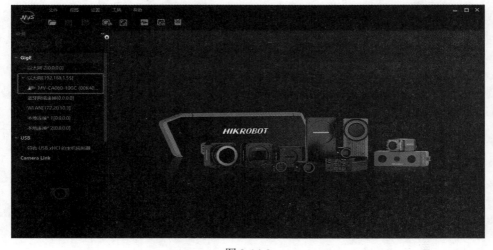

图 3-14-2

(3) 见图 3-14-3，单击搜索到的相机右侧的"连接"按钮，设置相机的 IP，此处将其修改为 192.168.1.70。需要注意的是相机的 IP 地址不可以和电脑、PLC 和机器人等的 IP 地址冲突。

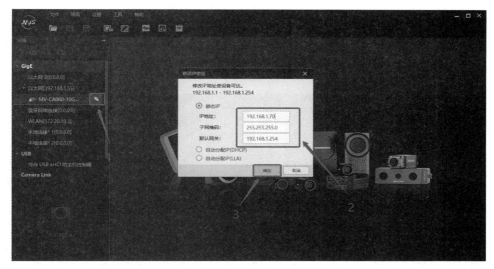

图 3-14-3

(4) 见图 3-14-4，表示相机连接成功。

图 3-14-4

2. 相机程序编写

(1) 见图 3-14-5，关闭相机驱动 MVS 软件并打开 VisionMaster 软件。

图 3-14-5

(2) 见图 3-14-6，单击添加图像源 ( 选中并向空白处拖动即可 )。

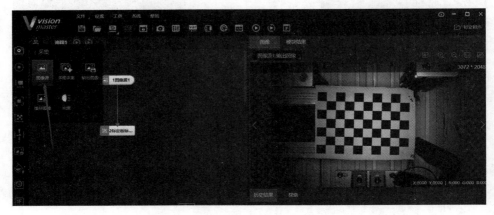

图 3-14-6

(3) 见图 3-14-7，双击"图像源"进入设置。先单击"关联相机"后面的相机符号，再单击"设备列表"的"+"号，添加相机。选择刚刚连接上的相机，在"触发设置"中将"触发源"改为 SOFTWARE( 自动程序中为 I/O 控制 )。

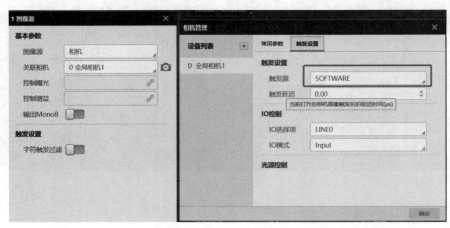

图 3-14-7

（4）见图 3-14-8，在左侧功能栏中找到"标定"功能，选择"标定板标定"。

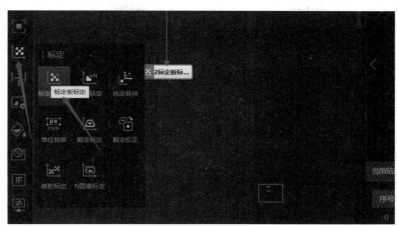

图 3-14-8

（5）见图 3-14-9，双击"标定板标定"，进入设置界面，将基本参数中的"输入源"改为"图像数据"。

（6）见图 3-14-10，将运行参数界面设置为如图所示参数（注：物理尺寸需根据实际棋盘格测量后才能填入）。

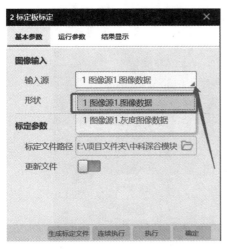

图 3-14-9

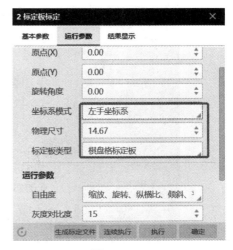

图 3-14-10

（7）见图 3-14-11，设置完成后，单击"执行"按钮，界面左侧会出现拍照界面，长方形框中就是相机标定的点，此时需要单击生成标定文件，将生成的标定文件保存在文件夹中备用。

图 3-14-11

(8) 见图 3-14-12 和图 3-14-13，以长方形这一分支为例，将图像源中的常用参数的像素格式改为"RGB8( 彩色 )"，之前标定时为"MONO8( 灰度 )"，当相机识别颜色时必须要将相机设置为彩色相机，而标定时为黑白即可。

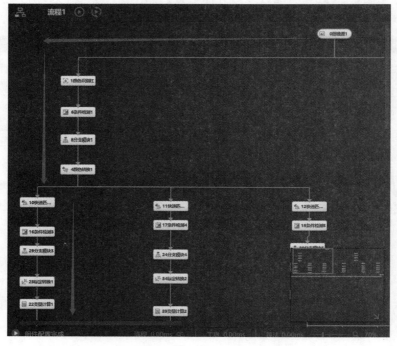

图 3-14-12

图 3-14-13

(9) 见图 3-14-14，添加"颜色识别"。

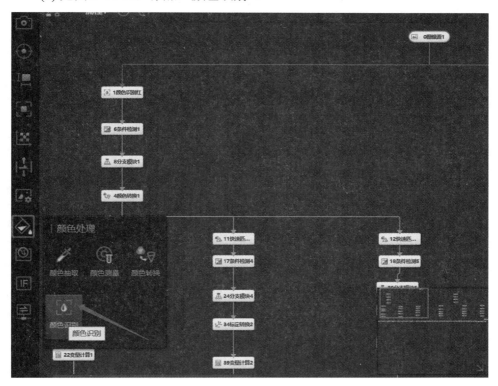

图 3-14-14

(10) 进入颜色识别设置界面，在上方 4 个参数中选择颜色模型，如图 3-14-

15 所示：第一步单击"添加"按钮；第二步导入当前图片；第三步选择矩形；第四步在小方块中央选取一块识别区域（鼠标拖动即可）；第五步，添加至标签；第六步，单击"确定"按钮。

图 3-14-15

(11) 进入基本参数界面，如图 3-14-16 所示，先选择矩形，再取小方块中央的一块区域为目标区域。

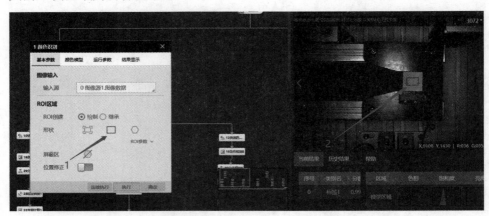

图 3-14-16

(12) 见图 3-14-17，添加"条件检测"。

(13) 双击"条件检测"进入设置界面，如图 3-14-18 所示，先添加一个 float0 类型的条件，再将条件选择为"颜色识别红"的"分数"，有效值范围为 0.5～1，然后单击"确定"按钮。

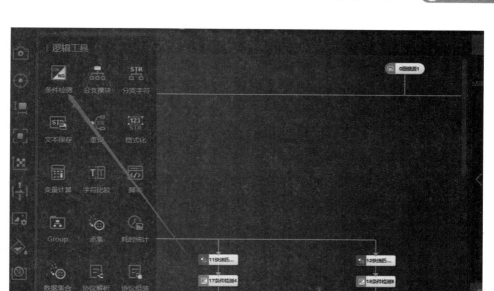

图 3-14-17

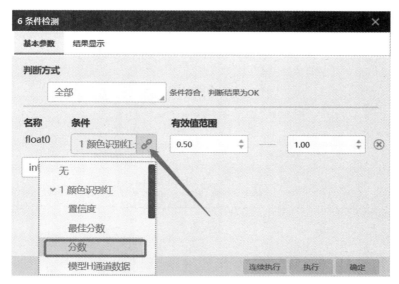

图 3-14-18

(14) 见图 3-14-19，添加"分支模块"。

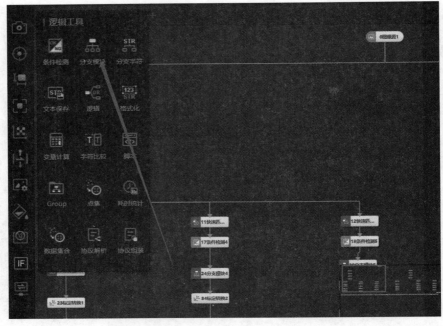

图 3-14-19

(15) 见图 3-14-20，双击"分支模块"进入设置界面，将"条件输入"设置为条件检测 1 的结果。

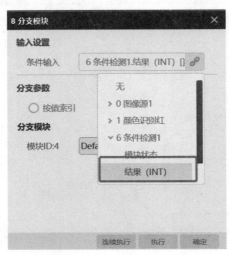

图 3-14-20

(16) 添加"颜色转换"，并将参数设置为如图 3-14-21 所示。

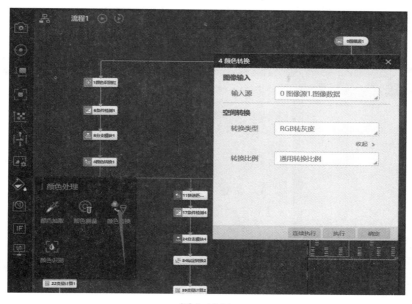

图 3-14-21

(17) 见图 3-14-22，添加"快速匹配"。

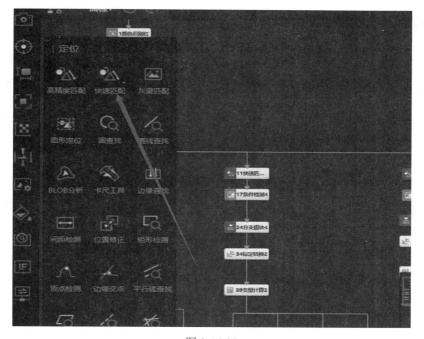

图 3-14-22

（18）创建特征模板，如图 3-14-23 所示，先添加模板，然后选择矩形，再将整个小方块全部选中，单击"确定"按钮。

图 3-14-23

（19）见图 3-14-24，进入基本参数，选择矩形，框选如图所示长方形区域，区域必须大于其中小方块所在区域。

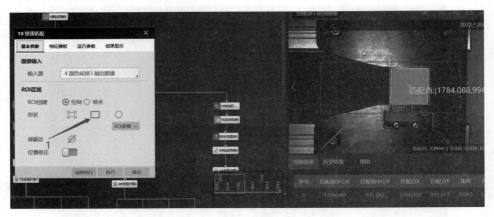

图 3-14-24

（20）见图 3-14-25，添加一个 int 类型的条件检测，将条件改为快速匹配特征的模块状态，有效值为 1。

（21）见图 3-14-26，添加"分支模块"，将"条件输入"设置为上一个条件检测的结果。

图 3-14-25

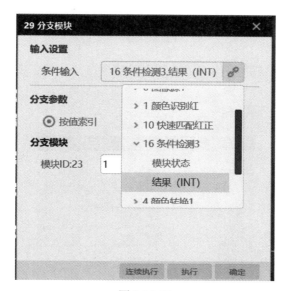

图 3-14-26

(22) 见图 3-14-27，添加"标定转换"，双击进入设置界面。

(23) 见图 3-14-28，先将输入源设置为"颜色转换1.的输出图像"，然后将输入方式改为"按坐标"，并将坐标 X、坐标 Y 和角度更改为图中所示参数，标定文件加载已经标定好的棋盘格标定文件。

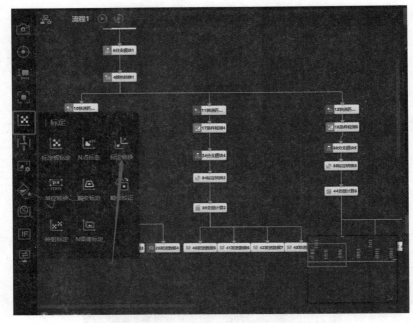

图 3-14-27

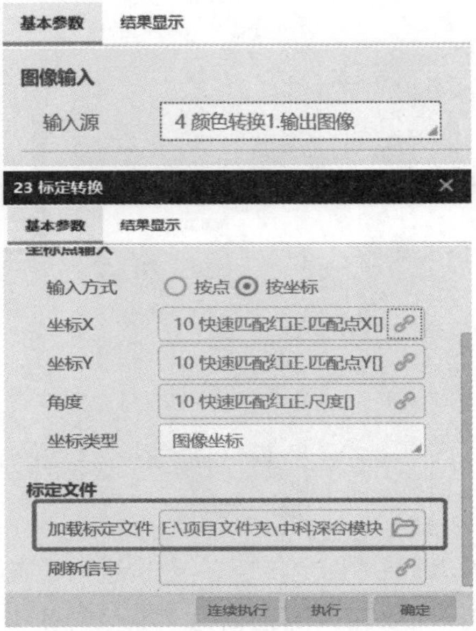

图 3-14-28

(24) 见图 3-14-29，添加变量计算，双击进入设置界面。

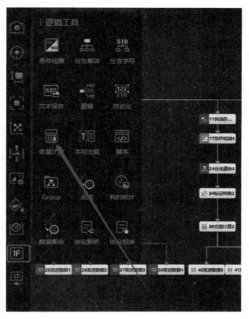

图 3-14-29

(25) 见图 3-14-30，添加一个变量，将计算公式改为图中所示，依次计算
3 个值，分别为转换坐标 X、转换坐标 Y 和转换角度。

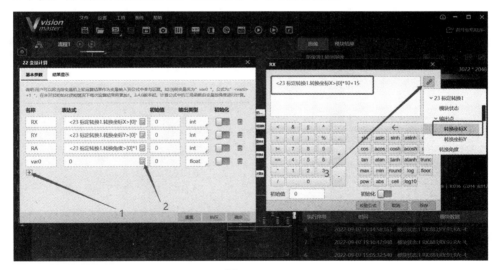

图 3-14-30

(26) 见图 3-14-31，添加 4 个"发送数据"。

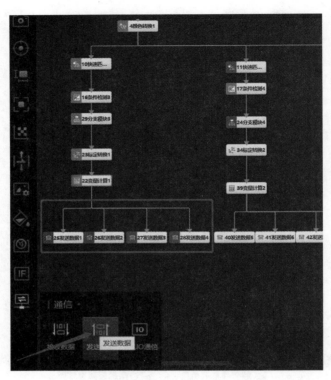

图 3-14-31

(27) 见图 3-14-32～图 3-14-35，发送的数据分别为 ID 号和经过变量计算后的坐标 X、坐标 Y、角度，单击"确定"按钮。

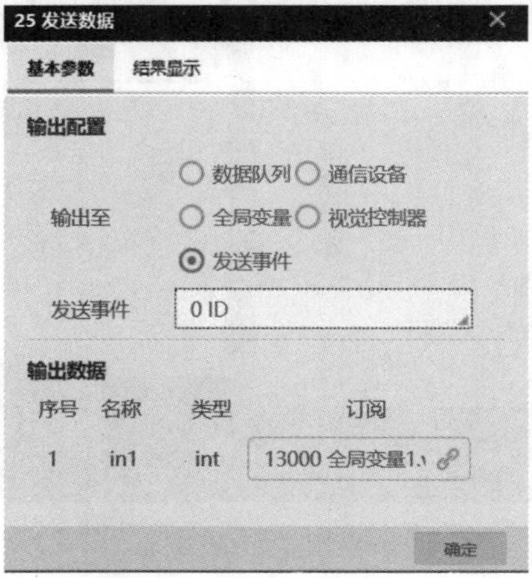

图 3-14-32

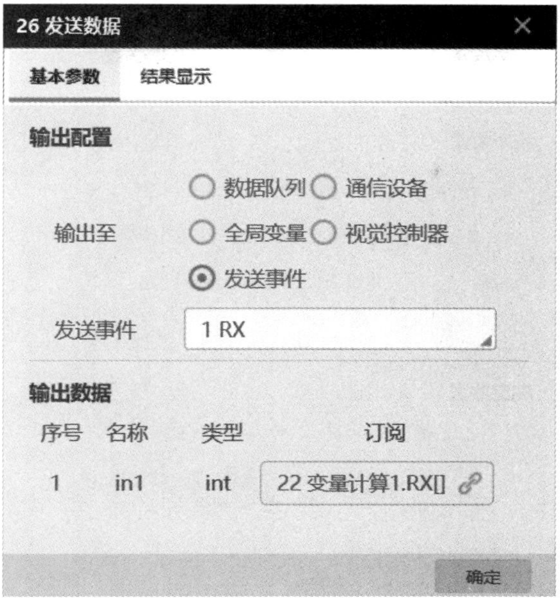

图 3-14-33

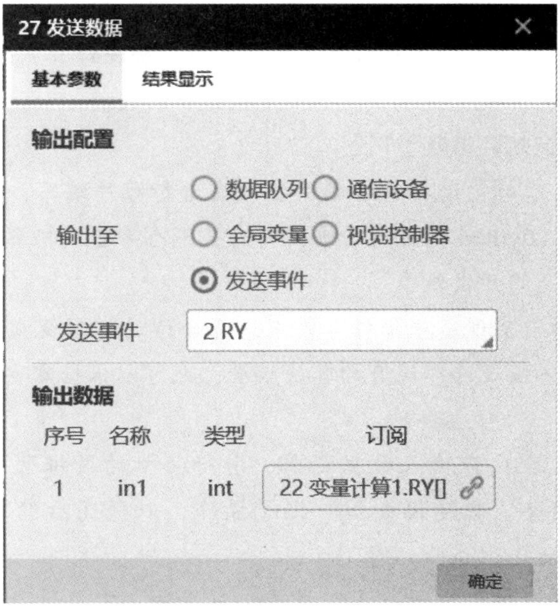

图 3-14-34

图 3-14-35

操作要点：

(1) 环境设置与准备：在开始编写程序之前，确保计算机环境已经设置好，并安装了所需的机器视觉库和工具，如 OpenCV、TensorFlow 等。同时，准备好所需的图像或视频数据集。

(2) 编程语言选择：选择适合的编程语言进行程序编写，常见的选择包括 Python、C++ 等。Python 通常是首选，因为其拥有丰富的机器学习和计算机视觉库，且具有较高的开发效率。

(3) 算法选择与实现：根据任务需求选择合适的机器视觉算法，并进行实现。可以根据具体情况选择现有的算法模型，也可以根据需要进行自定义算法的开发。

(4) 数据预处理：在输入数据之前，进行必要的数据预处理，包括图像的去噪、尺寸调整、灰度化或归一化等操作，以提高后续算法的准确性和稳定性。

(5) 模型训练与优化：如果涉及机器学习算法，需要进行模型的训练和优化。这包括选择合适的模型架构、调整超参数和进行数据增强等操作，以提高模型的性能。

(6) 算法调试与验证：在编写算法时，进行充分的调试和验证工作，以确保算法的正确性和稳定性。可以通过可视化工具、输出调试信息等方式进行调试。

(7) 效率优化：对算法进行效率优化，以提高程序的运行速度和资源利用率。可以采用并行化、异步处理和硬件加速等技术来优化算法的性能。

(8) 异常处理与容错设计：考虑可能出现的异常情况，并设计相应的异常处理机制和容错策略，以保证程序的稳定性和可靠性。

(9) 文档与注释：编写清晰明了的代码注释，以便他人能够理解代码的逻辑和功能。同时，编写技术文档和使用手册，以便用户和其他开发人员使用和维护程序。

(10) 测试与评估：在程序编写完成后，进行充分的测试和评估工作，验证程序的功能是否符合预期，并检查其性能和稳定性是否满足要求。

## 六、自我评价

项目完成后按下表进行自我评价。

| 安全生产 | |
|---|---|
| 实验操作 | |
| 团队合作 | |
| 清洁素养 | |

## 七、评分表

按下表各项内容进行打分，并对项目完成情况进行总结。

| 配 分 项 目 | 配 分 | 得 分 |
|---|---|---|
| 安全防范 | 10 | |
| 知识准备与实训工具和器材 | 10 | |
| 实训步骤 | 70 | |
| 自我评价 | 10 | |
| 合计 | 100 | |

附相机程序 ( 见图 3-14-36 和图 3-14-37)。

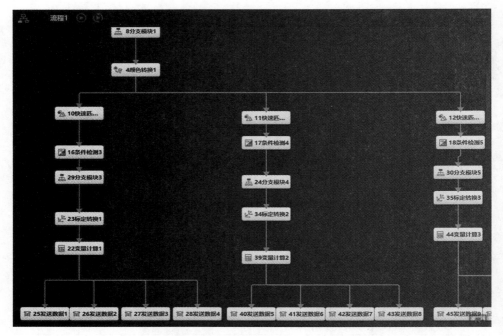

图 3-14-36

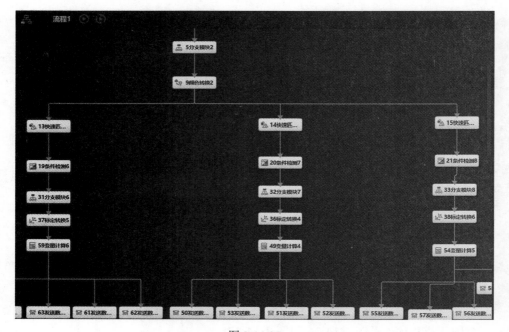

图 3-14-37

# 第四部分

学后自我测试

1. 学习成效（学习了哪些内容，掌握情况，是否达成预期目标）。

_____
_____
_____
_____
_____
_____
_____
_____
_____
_____
_____

2. 学习反思（与学前相比有哪些进步，还有哪些不足，如何改进）。

_____
_____
_____
_____
_____
_____
_____
_____
_____
_____
_____